개정판

기초전기회로실험

황희수 지음

실험회로에 대한 Multiisim 시뮬레이션 결과를 제공해서
실험결과를 쉽게 비교 분석할 수 있도록 하였다.

도서출판 홍릉

개정판
기초전기회로실험

2020년 2월 24일 초 판 1쇄
2023년 12월 23일 개정판 1쇄

저 자: 황희수
발행인: 송 준
발행처: 도서출판 홍릉
주 소: 01093 서울시 강북구 인수봉로 50길 10
등 록: 1976년 10월 21일 제5-66호

전 화: 02-999-2274~5, 903-7037
팩 스: 02-905-6729
e-mail: hongpub@hongpub.co.kr
http://www.hongpub.co.kr
ISBN: 979-11-5600-144-7(93560)

정 가: 15,000원

머리말

전기 분야를 처음 배우는 학생들에게 필요한 기초적이고 중요한 실험을 다룬다. 알기 쉽도록 실험에 필요한 기초적이고 핵심적인 이론도 함께 제공된다. 실험에 대한 이해를 높이기 위해 실험마다 검토되어야 사항들을 제시하였다. 실험을 통해 기본적인 계측 장비의 사용법과 실험 결과 보고서 작성법도 익히게 된다.

전류, 전압에 대한 기본적인 개념을 파악하고 기초적인 전기회로의 해석 및 동작 원리를 배울 수 있도록 실험을 구성하였다. 실험을 통해 R, L, C 소자, 직류회로 및 교류회로에 대한 기본 원리를 이해할 수 있을 것이다. 실험마다 실험결과 및 고찰을 두어 실험 결과를 검토하고 분석할 수 있게 하였다.

특히, 실험회로에 대해 Multisim을 사용해 시뮬레이션 결과를 제공해서 실험 결과와 비교 검토할 수 있게 하였다.

차례

01 실험을 시작하기 전에 ············ 1

1.1 계측기 및 장비 사용 시 주의사항 … 1

1.2 보고서 작성 … 9

02 부품(수동소자) 읽기 ············ 10

03 옴의 법칙 ············ 18

04 직렬회로와 전압 분배 ············ 24

05 병렬회로와 전류 분배 ············ 30

06 직병렬 회로 ············ 36

07 래더와 브리지 직병렬 회로 ············ 45

08 전위차계(가변저항) ············ 56

09 중첩의 원리 ············ 65

10 테브난 정리 ············ 75

11 노튼 정리 ········· 83

12 최대 전력 전달 ········· 92

13 RL, RC 직렬 및 병렬회로 ········· 100

14 RC, RL 회로 응답 ········· 117

15 RLC 직렬 공진회로 ········· 128

16 RLC 병렬 공진회로 ········· 140

17 필터 회로 ········· 152

01

실험을 시작하기 전에

1.1 계측기 및 장비 사용 시 주의사항

1) 브레드보드

브레드보드 사용 시에 흔히 범하는 잘못을 알아보고 일반 준수사항(사용 편리성을 위함)과 반드시 지켜야 할 안전수칙에 대해 알아본다.

(1) 흔히 범하는 잘못

다음과 같은 실수에 유의해서 회로를 연결한다.

- 브레드보드의 양쪽을 점퍼 선으로 연결하는 것을 잊어버린다. 브레드보드의 중앙 홈을 기준으로 양쪽은 전기적으로 절연(격리)되어 있고 전원레일의 위쪽과 아래쪽도 전기적으로 절연(격리)되어 있다.
- 잘못된 행에 부품의 다리를 연결한다. 그림 1에서 LED와 저항이 연결되어 있지 않다. 각 행의 5개의 구멍은 전기적으로 연결되어 있음을 잊지 말자.

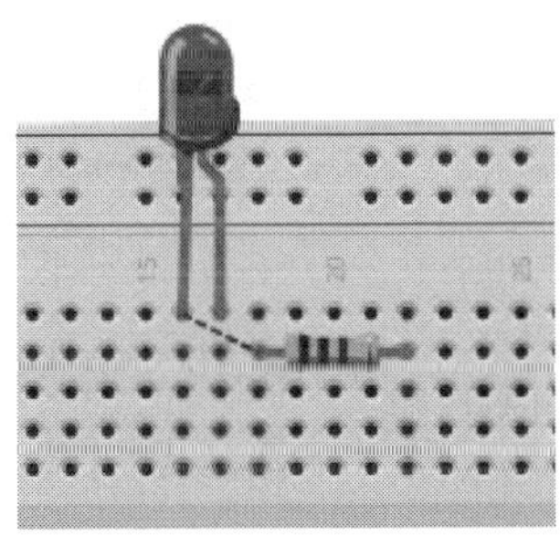

그림 1 잘못된 다리 연결

- 양극(+) 및 접지(−)에 전선을 섞어서 연결한다. 양극(+) 및 접지(−)를 혼합해 연결하면 회로가 작동하지 않는다(그림 2). 저항의 다리가 양극(+)에 연결되어야 한다.

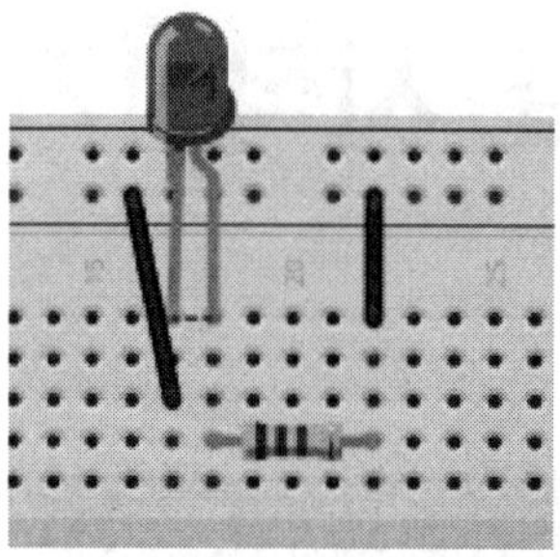

그림 2 잘못된 전원 연결

- 일부 부품(LED, 전해 커패시터 등)은 극성이 있어서 양극(+)과 음극(−)인 다리를 가진다(그림 3). 극성이 잘못 연결되면 브레드보드와 부품이 손상될 수 있다.

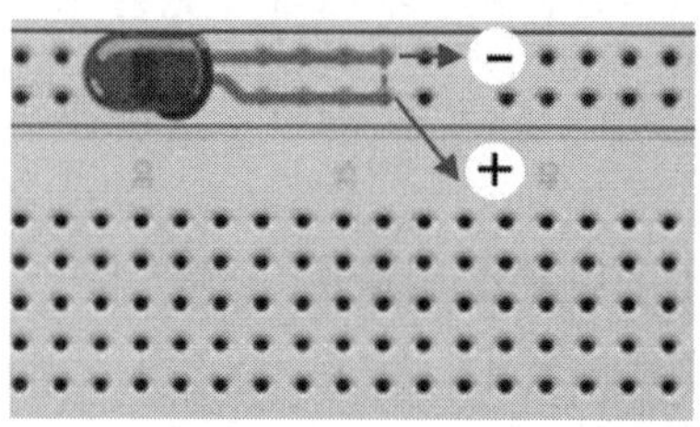

그림 3 LED 극성

- 브레드보드 구멍 안쪽으로 부품 다리를 단단히 밀어 넣지 않으면 전도성 클립과 부품 사이의 연결이 약해져 회로가 작동하지 않거나 불안정해질 수 있다.
- 부품의 다리 모두를 동일한 행에 연결하면 안 된다. 부품의 다리는 서로 다른 용도를 갖는데, 이를 동일 행에 삽입하면 회로 단락이 발생한다.
- IC의 경우 단락 방지를 위해 항상 중간 홈 위에 배치한다.
- 회로 단락의 또 다른 이유로 부품의 다리가 서로 닿는 경우이다. 부품을 연결할 때 불필요한 접촉이 발생하지 않도록 다리(리드 선)가 떨어져 연결되도록 한다.

(2) 일반 준수사항

- 회로를 색으로 구분한다. 양극(+) 선에는 빨간색 점퍼 선을 사용하고 접지(−)에는 검정색 점퍼 선을 사용한다. 색상은 점퍼 선을 통해 흐르는 전류에 영향을 미치지 않지만 선에 색 코드를 사용하면 회로 연결을 추적하기 쉽다.
- 브레드보드와 외부 부품을 연결할 때 유연한 점퍼 선을 사용하면 연결이 쉽고 움직임이 유연해진다.
- 브레드보드에서 회로 공간이 더 필요한 경우 측면에 다른 브레드보드를 연결해서 회로 공간을 확장할 수 있다.
- 스파게티 회로 연결(그림 4.a)을 피하려면 부품 사이의 연결에 적절한 길이의 점퍼 선을 사용한다(그림 4.b).

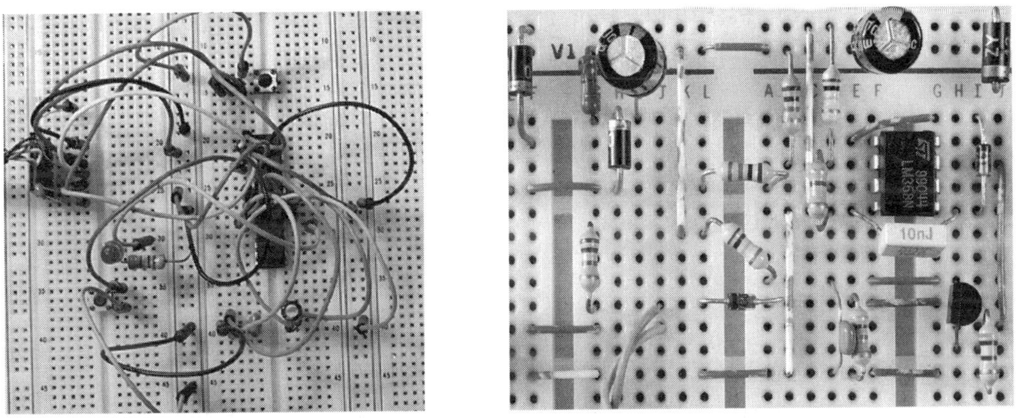

(a) 스파게티 회로 (b) 적절한 연결

그림 4 점퍼 선의 연결

(3) 안전 수칙

다음은 브레드보드 사용 시에 반드시 지켜야 한다.

☑ 전원 단자를 서로 연결하지 않는다. 단락이 발생해 전원공급 장치가 손상된다.

☑ 브레드보드를 전원공급 장치에 연결한 상태로 방치하지 않는다.

☑ 주 회로가 작동 중일 때는 맨손으로 집적회로 부품을 만지지 않는다. 집적회로 부품은 정전기에 민감해서 신체에 축적된 정전기로 손상 될 수 있다.

☑ 정전기를 피하려면 접지 된 금속을 만지거나 절연된 칩 핀셋을 사용해 부품을 고정한다.

☑ 회로가 작동하는 동안 브레드보드에서 부품을 제거하거나 삽입하지 않는다. 작업하기 전에 회로에서 전원을 차단한다.

☑ 극성이 있는 부품(예: 전해 커패시터, 압전 스피커, LED, 전원공급 장치 등)은 회로에 연결할 때 극성을 확인하고 연결한다. 전해 커패시터의 극성을 바꾸면 커패시터 내부의 유전체가 분해되어 폭발한다.

☑ 회로를 만들 때 연기가 보이거나 냄새가 나면 즉시 전원공급 장치를 분리한다.

☑ 브레드보드에 액체가 들어가지 않도록 한다. 액체를 브레드보드에 흘린 경우 즉시 전원공급 장치에서 플러그를 뽑고 모든 부품을 제거한 후 브레드보드를 뒤집어 액체를 구멍에서 배출시킨 후 완전히 마른 후에 사용한다.

☑ 작업 공간을 항상 깨끗하고 정돈된 상태로 유지한다.

2) 디지털 멀티미터(DMM)

(1) 주요 기능

DMM의 전면부는 그림 5와 같고 다음과 같은 기능을 갖는다.

① 기능 스위치(노브) : DMM의 온·오프, 기능 및 범위를 선택할 때 사용한다.

② LCD 표시화면 : 측정값과 테스트 결과를 표시한다.

③ 접지("COM") 잭: 검정색(－) 테스트 커넥터 단자를 연결한다.

④ 전압/전류/저항("VΩmA") 잭 : 전압, 전류(200 mA까지), 저항을 측정할 때 붉은색(+) 테스트 커넥터 단자를 연결한다.

⑤ 10 A 잭 : 전류(200 mA ~ 10 A까지)를 측정할 때 빨간색(+) 테스트 커넥터 단자를 연결한다.

⑥ 트랜지스터 : 트랜지스터의 전류 증폭률을 표시한다.

⑦ 다이오드 : 테스트 전압과 전류는 대략 2.8 V와 1 mA이고 mV 단위의 순방향

전압강하를 표시한다.

⑧ 직류 전압 측정 범위 지정

⑨ 교류 전압 측정 범위 지정

⑩ 직류 전류(200 mA 이하) 측정 범위 지정

⑪ 저항 측정 범위 지정

⑫ 직류 전류의 증폭률(hFE)을 표시하며 V_{CC}는 대략 3 V, I_B는 대략 10 μA, hFE는 1 ~ 1000이다.

그림 5 DT-830B DMM의 전면부

(2) 직류 전류 측정

① 빨간색 테스트 리드를 “VΩmA” 잭에 연결하고 검정색 테스트 리드를 "COM"

잭에 연결한다.

② 범위 스위치를 DCA(▬▬▬)의 원하는 전류 범위로 설정한다.

③ 회로에서 전류를 측정할 지점에 테스트 리드를 회로와 직렬로 연결한다.

④ 빨간색 테스트 리드의 극성과 함께 LCD 화면의 전류 값을 읽는다.

(3) 직류 전압 측정

① 빨간색 테스트 리드를 "VΩmA" 잭에 연결하고 검정색 테스트 리드를 "COM" 잭에 연결한다.

② 범위 스위치를 DCV(▬▬▬)의 원하는 전압 범위로 설정한다. 전압을 미리 알 수 없는 경우 범위 스위치를 가장 높은 범위로 설정 한 후 만족스러운 해상도를 얻을 때까지 범위를 줄여간다.

③ 측정할 장치나 회로에 테스트 리드를 연결한다.

④ 빨간색 테스트 리드의 극성과 함께 LCD 화면의 전압 값을 읽는다.

(4) 교류 전압 측정

① 빨간색 테스트 리드를 "VΩmA" 잭에 연결하고 검정색 테스트 리드를 "COM" 잭에 연결한다.

② 범위 스위치를 ACV(∿)의 원하는 전압 범위로 설정한다.

③ 측정할 장치나 회로에 테스트 리드를 연결하고 LCD 화면의 전압 값을 읽는다.

(5) 저항 측정

① 빨간색 테스트 리드를 "VΩmA" 잭에 연결하고 검정색 테스트 리드를 "COM" 잭에 연결한다.

② 범위 스위치를 원하는 저항 범위로 설정한다.

③ 측정할 저항이 회로에 연결된 경우 저항을 측정하기 전에 회로 전원을 차단하고 모든 커패시터를 방전시킨다.

④ 측정할 저항에 테스트 리드를 연결하고 LCD 화면의 저항 값을 읽는다.

(6) 트랜지스터 테스트

① 범위 스위치를 “hFE”로 설정한다.

② 테스트 할 트랜지스터의 유형이 PNP 또는 NPN인지 확인하고 이미터, 베이스, 컬렉터 리드를 찾는다.

③ 리드를 전면 패널에 있는 hFE 소켓의 구멍에 올바르게 삽입한다.

④ 표시화면에 대략적인 hFE 값이 표시된다.

(7) 다이오드와 연속성 테스트

① 빨간색 테스트 리드를 “VΩmA” 잭에 연결하고 검정색 테스트 리드를 "COM" 잭에 연결한다.

② 범위 스위치를 —▶|— 범위로 설정한다.

③ 빨간색 테스트 리드를 테스트 할 다이오드의 양극에 연결하고 검정색 테스트 리드를 다이오드의 음극에 연결한다.

④ 다이오드의 대략적인 순방향 전압강하가 mV로 표시된다. 연결을 반대로 하면 표시화면에 “1”이 표시된다.

⑤ 연속성을 테스트하려면 테스트 리드를 테스트 할 회로의 두 지점에 연결한다. 저항이 약 50 Ω 보다 작으면(두 지점이 연결되어 있으면) 내장 부저가 울린다.

(8) 주의사항

- 저항, 연속성, 다이오드 또는 정전용량을 테스트하기 전에 회로전원을 차단하고 모든 고전압 커패시터를 방전시킨다
- 측정에 적합한 기능과 범위를 사용한다.
- 회로에서 전류를 측정할 때 회로의 전원을 차단한 상태에서 DMM을 회로에 연결하고 회로 전원을 켠다.
- 범위 스위치(노브)를 돌려서 DMM의 측정 기능을 변경하려면 테스트 리드를 회로에서 먼저 분리한 후 실행한다.
- 트랜지스터를 테스트 할 때 트랜지스터를 삽입하기 전에 항상 테스트 리드가 측

정 회로에서 분리되어 있어야 한다.

3) 오실로스코프

오실로스코프를 사용하기 전에 기기의 올바른 작동을 확인하려면 다음과 같은 검사를 실행한다. 그림 6의 Tektronix TBS1022를 예로 설명한다.

① 오실로스코프가 올바르게 작동하고 있는지 확인하려면 오실로스코프의 전원을 켜고 기본 값 설정("Default Setup") 버튼을 누른다.

② 프로브를 CH1 BNC 커넥터에 연결하고 프로브 팁과 기준 리드선을 PROBE COMP 터미널에 연결한다.

③ 자동설정("Auto Setup") 버튼을 누른다. 몇 초 내에 1 KHz의 V_{p-p}= 5 V인 구형파가 화면에 표시된다. 전면 패널의 채널1의 "1" 버튼을 두 번 눌러 채널1을 제거하고 채널2의 "2" 버튼을 눌러 채널 2를 표시한 다음 ②~③단계를 반복한다.

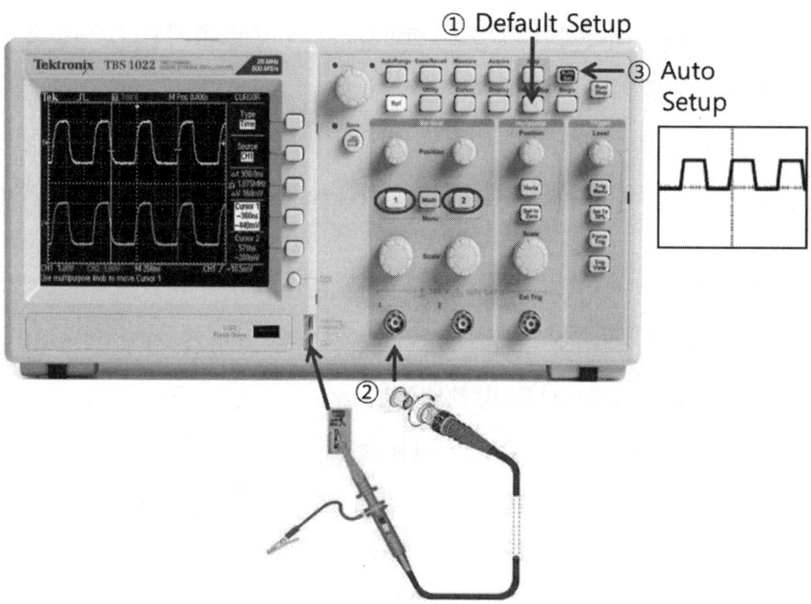

그림 6 Tekronix TBS1022 오실로스코프

1.2 보고서 작성

실험 보고서는 실험의 목적, 실험에 대한 기본적인 이론과 실험 회로, 실험 순서, 실험결과(표와 그래프), 결과고찰 및 참고사항을 포함한다. 실험 목적과 함께 기초 이론과 실험회로에 대한 이해는 실험 전에 선행되어야 올바른 실험을 수행할 수 있다. 실험결과는 실험조건, 실험도구와 실험방법이 함께 제시되어야 하고 측정된 결과에 대한 검토와 고찰이 반드시 포함되어야 한다.

<table>
<tr><th colspan="4">실험 보고서</th></tr>
<tr><td rowspan="2">과목명</td><td rowspan="2"></td><td>학과</td><td></td></tr>
<tr><td>학번</td><td></td></tr>
<tr><td>실험조</td><td></td><td>이름</td><td></td></tr>
<tr><td colspan="4">1. 실험명

2. 실험 목적

3. 이론
- 기초 이론
- 실험회로와 동작원리
- 실험 순서

4. 실험결과
- 측정치와 계산치
- 표와 그래프

5. 결과고찰

6. 참고사항</td></tr>
</table>

02

부품(수동소자) 읽기

수동소자는 증폭이나 에너지의 변환과 같은 능동적 기능을 갖지 않는 소자로 에너지를 단지 소비, 축적 또는 통과시키는 수동적 기능만을 수행한다. 수동소자에는 저항, 축전기(커패시터, 콘덴서), 코일(인덕터) 등이 있다. 수동소자 가운데 저항, 축전기, 인덕터의 종류와 판독법에 대해 알아본다.

실험 목적

• 저항, 축전기, 인덕터의 종류와 형명을 읽는 법을 배운다.

이론

1) 저항

배관 속을 흐르는 물의 양은 배관의 굵기, 길이, 종류에 따라 다르다. 이와 마찬가지로 전지의 두 극을 도선으로 연결할 때 도선에 흐르는 전류의 세기도 도선의 굵기, 길이, 종류에 따라 달라진다. 이는 도선의 굵기, 길이, 종류에 따라서 전류가 쉽게 흐르거나 그렇지 못하기 때문이다. 도선의 전기저항은 다음 식으로 계산된다.

$$R = \rho \frac{L}{A}\,[\Omega]$$

여기서 ρ는 그림 1과 같이 비저항으로 물질에 따라 다르고, L은 도선의 길이, A는 도선의 단면적이고 $\sigma = \frac{1}{\rho}$는 전기 전도도이다.

Material	Resistivity ρ (Ω·m)		Temp. coefficient α (per °C)	Conductivity σ (S/m)	
Carbon (graphene)	1.0	$\times 10^{-8}$	-0.0002	1.0	$\times 10^{8}$
Silver	1.59	$\times 10^{-8}$	0.003819	6.29	$\times 10^{7}$
Copper	1.68	$\times 10^{-8}$	0.0039	5.95	$\times 10^{7}$
Gold	2.44	$\times 10^{-8}$	0.0034	4.10	$\times 10^{7}$
Aluminium	2.82	$\times 10^{-8}$	0.0039	3.5	$\times 10^{7}$
Calcium	3.36	$\times 10^{-8}$	0.0041	2.98	$\times 10^{7}$
Tungsten	5.6	$\times 10^{-8}$	0.0045	1.79	$\times 10^{7}$
Zinc	5.9	$\times 10^{-8}$	0.0037	1.69	$\times 10^{7}$
Nickel	6.99	$\times 10^{-8}$	0.0060	1.43	$\times 10^{7}$
Lithium	9.28	$\times 10^{-8}$	0.0060	1.08	$\times 10^{7}$
Iron	9.71	$\times 10^{-8}$	0.005671	1.03	$\times 10^{7}$
Platinum	1.06	$\times 10^{-7}$	0.003927	9.43	$\times 10^{6}$

그림 1 비저항

출처 ElectroDroid

일반적으로 전선에서 전류의 흐름을 방해하는 작용을 저항(전기 저항)이라 하고 전압강하를 일으킨다. 그림 2와 같이 전선의 표준 규격(SWG: Standard Wire Gauge)과 미국 규격(AWG: American Wire Gauge)은 전선 지름에 따라 번호를 붙이고 km당 저항과 최대 주파수를 표시한다.

Standard Wire Gauge SWG		Gauge Number	American Wire Gauge AWG				
inches	mm		inches	mm	mm²	Ω/km (*)	max freq. (**)
0.4640	11.786	000000	-	-	-	-	-
0.4320	10.973	00000	-	-	-	-	-
0.4000	10.160	0000	0.46000	11.684	107.219	0.1608	125Hz
0.3720	9.4488	000	0.40964	10.405	85.0288	0.2028	160Hz
0.3480	8.8392	00	0.36480	9.2658	67.4309	0.2557	200Hz
0.3240	8.2296	0	0.32486	8.2515	53.4751	0.3224	250Hz
0.3000	7.6200	1	0.28930	7.3481	42.4077	0.4065	325Hz
0.2760	7.0104	2	0.25763	6.5437	33.6308	0.5126	410Hz
0.2520	6.4008	3	0.22942	5.8273	26.6705	0.6464	500Hz
0.2320	5.8928	4	0.20431	5.1894	21.1506	0.8151	650Hz
0.2120	5.3848	5	0.18194	4.6213	16.7732	1.0278	810Hz
0.1920	4.8768	6	0.16202	4.1154	13.3018	1.2961	1100Hz
0.1760	4.4704	7	0.14429	3.6649	10.5488	1.6343	1300Hz
0.1600	4.0640	8	0.12849	3.2636	8.36556	2.0608	1650Hz
0.1440	3.6576	9	0.11442	2.9064	6.63419	2.5987	2050Hz
0.1280	3.2512	10	0.10190	2.5882	5.26115	3.2768	2600Hz
0.1160	2.9464	11	0.09074	2.3048	4.17229	4.1320	3200Hz
0.1040	2.6416	12	0.08081	2.0525	3.30877	5.2104	4150Hz
0.0920	2.3368	13	0.07196	1.8278	2.62398	6.5702	5300Hz
0.0800	2.0320	14	0.06408	1.6277	2.08091	8.2848	6700Hz
0.0720	1.8288	15	0.05707	1.4495	1.65023	10.447	8250Hz
0.0640	1.6256	16	0.05082	1.2908	1.30870	13.173	11kHz
0.0560	1.4224	17	0.04526	1.1495	1.03784	16.611	13kHz

그림 2 전선 규격

출처 ElectroDroid

대부분의 저항은 그림 3과 같이 원통형으로 2개의 리드 선을 갖는다. 이런 저항은 크기가 작아 숫자로 용량을 표시하기 어려워 그림 4의 색 코드를 이용한다. 이 색 코드는 저항의 정밀도에 따라 4색이나 5색 띠를 가지며 개별 띠의 색상은 그림 4의 값을 나타낸다. 그림 3과 같은 4색(노랑/보라/빨강/금색) 저항의 저항 값을 계산하면 다음과 같다.

첫째 색 띠-노랑: 4

둘째 색 띠-보라: 7

셋째 색 띠-빨강: 2(승수 표시, 10^2)

넷째 색 띠-금색: 허용오차 ±5 %

저항 값은 $47 \times 10^2 = 4700 = 4.7\ \mathrm{K}\Omega \pm 5\ \%$이다.

그림 3 색저항

색	수치	승수	정밀도
검정	0	0	
갈	1	1	±1
빨강	2	2	±2
오렌지	3	3	±0.05
노랑	4	4	
초록	5	5	±0.5
파랑	6	6	±0.25
보라	7	7	±0.1
회	8	8	
흰	9	9	
금		−1	±5
은		−2	±10
무			±20

그림 4 색 코드

칩(SMD) 저항은 처음 두 자리가 저항 수치이고 나머지 자리는 승수를 표시한다. 칩 저항에서 R은 소수점을 표시한다. 정밀한 칩 저항은 4개의 숫자로 구성되는데 마지막 숫자가 승수이다. 알파벳 R은 소수점을 나타낸다. 알파벳 J, K, M, F, G는 허용오차를 표시한다. J: ±5 %, K: ±10 %, M: ±20 %, F: ±1 %, G: ±2 %

다음과 같은 칩(SMD)저항 값을 읽어보자.

102 : 10×10^2 = 1 KΩ

R75 = 0.75 Ω

7R5 − 7.5 Ω

1002 = 100×10^2 = 10,000 Ω

2) 축전기

콘덴서 또는 커패시터라고도 하며 전기회로에서 전기 에너지(전하)를 저상하는 장치로 저장 용량의 크기를 정전용량(커패시턴스)이라 한다. 축전기 내부는 두 도체 판이 떨어져 있는 구조로 되어 있다. 두 도체 판 사이에 전압을 걸면 음극에는 (−)전하가, 양극에는 (+)전하가 유도되는데, 이로 인해 전기적 인력이 발생하고 이 인력에 의해 전하들이 모여 있게 되어 에너지가 저장된다. 용량성 부하라고도 하며 직류 전류에 대해 개방 회로로 동작하며(전류 흐르지 않음) 교류의 경우 주파수가 클수록 전류가 잘 흐른다. 정전용량은 다음 식으로 계산된다. 유전율과 도체 판의 면적이 커지면 정전용량도 커지고 도체 사이의 간격이 커지면 정전용량은 작아진다.

$$C = \epsilon \frac{S}{d} \quad [\mathrm{F}]$$

ϵ은 도체 판 사이 유전체의 유전율, d는 도체 사이의 간격, S는 도체 판의 면적

일반적으로 용량이 가장 큰 슈퍼커패시터는 단위로 F를 사용하고 전해커패시터와 탄탈커패시터는 $\mu F(10^{-6}F)$ 단위를, 그 밖의 대부분은 $pF(10^{-12}F)$ 단위를 사용한다. 축전기의 형명은 저항처럼 3개의 숫자로 용량을 표시한다. 처음 두 숫자는 수치를 나머지 숫자는 승수를 표시한다. 숫자와 함께 알파벳을 사용하기도 한다. 이때 p는 단위가 pF임을 표시하며 소수점으로도 사용된다(그림 5). n은 단위가 nF임을 나타내고 소수점으로 사용된다. 알파벳 J, K, M, F, G는 허용오차를 표시한다.

J: ±5 %, K: ±10 %, M: ±20 %, F: ±1 %, G: ±2 %

다음과 같은 콘덴서 용량을 읽어보자.

$474 = 47\times10^4\ pF$

$= 470{,}000\ pF$

$= 470\ nF$

$103 = 10\times10^3 = 10{,}000\ pF = 10\ nF$

$5p6 = 5.6\ pF$

$10p = 10\ pF$

$2n2 = 2.2\ nF$

$10n = 10\ nF$

Value	pico Farad	Code			
		EIA	A	B	C
0.5 pF	0.5	0R5	0.5	p5	
1.0 pF	1.0	1R0	1	1p0	
1.2 pF	1.2	1R2	1.2	1p2	
1.5 pF	1.5	1R5	1.5	1p5	
1.8 pF	1.8	1R8	1.8	1p8	
2.2 pF	2.2	2R2	2.2	2p2	
2.7 pF	2.7	2R7	2.7	2p7	
3.3 pF	3.3	3R3	3.3	3p3	
3.9 pF	3.9	3R9	3.9	3p9	
4.7 pF	4.7	4R7	4.7	4p7	
5.6 pF	5.6	5R6	5.6	5p6	
6.8 pF	6.8	6R8	6.8	6p8	
8.2 pF	8.2	8R2	8.2	8p2	
10 pF	10	100	10	10	
12 pF	12	120	12	12	
15 pF	15	150	15	15	
18 pF	18	180	18	18	
22 pF	22	220	22	22	

그림 5 축전지 표시 코드

출처 ElectroDroid

3) 인덕터

유도 계수를 사용하기 위해서 전선을 감은 수동 소자로 코일이라고도 한다. 전자 유도에 의한 자력선을 사용하기 위해 전선으로 감은 것을 권선이라고 한다. 유도성 부하라고도 하며 직류는 단락회로로 동작하기 때문에 전기적인 의미가 없고 교류는 전류가 상승하면, 인덕터에 유도된 기전력으로 인해 전압이 발생한다. 전류 변화에 대해 유도된 전압의 비율의 크기를 인덕턴스라 한다. 인덕턴스에는 회로에서 전류가 변화하면 쇄교 자속도 변화하므로 이 변화를 막는 방향으로 기전력이 회로 내에서 발생하는 현상에 의한 자기인덕턴스와 2개의 전기회로가 근접해 있을 때 한쪽 회로의 전류 변화로 만들어지는 자속이 변화하고 이 자속 변화가 동시에 다른 쪽 회로에도 영향을 미쳐 기전력이 유도되는 현상에 의한 상호유도 인덕턴스가 있다. 자기 인덕턴스는 다음 식으로 계산된다.

$$L = \frac{d\Phi}{di} \quad [\mathrm{H}]$$

여기서 Φ는 자속, i는 전류

인덕터의 형명은 기본적으로 저항과 마찬가지로 색 코드를 사용하며 처음 두 자리는 수치, 세 번째 자리는 승수를 표시한다. 기본 단위는 μH이다. 직접 숫자로 표시하는 경우 처음 두 자리는 수치, 나머지는 승수이다. 알파벳 R은 소수점을 나타낸다. 다음과 같은 칩 인덕터 용량을 읽어보자.

1R2 = 1.2 μH

150 = 15×10^0 = 15 μH

152 = 15×10^2 = 1,500 μH = 1.5 mH

실험

1) 부품 및 계측기

- 저항, 축전기, 인덕터
- 디지털멀티미터(DMM)

2) 실험 순서

① 저항의 색 코드를 보고 저항 값을 읽는다. 이 값과 DMM으로 측정한 저항 값 및 이들 사이의 오차를 표 1에 기록한다.

② 축전지의 용량 표시를 읽어 정전용량 값을 표 2에 기록한다.

③ 인덕터의 용량 표시를 읽어 유도용량 값을 표 3에 기록한다.

3) 실험 결과

[표 1]

색 코드	읽은 값	측정값	오차 $= \frac{\text{측정값} - \text{이론값}}{\text{측정값}} \times 100(\%)$

[표 2]

표시 형명	정전 용량(커패시턴스)

[표 3]

표시 형명	유도 용량(인덕턴스)

03

옴의 법칙

실험 목적

• 전기회로를 제어하는 옴의 법칙에 대해 알아본다.

이론

옴의 법칙에서 전류가 일정하면 저항의 증가는 전압을 증가시키고, 전압이 일정하면 저항의 증가는 전류를 감소시킨다. 이를 식으로 표시하면 다음과 같다.

$$v = i \times R$$

v [V]는 전압, i [A]는 전류, R [Ω]은 저항

저항 값이 일정할 때 전압에 대한 전류의 관계는 직선으로 이 직선의 기울기는 저항의 역수로 컨덕턴스라 한다. 저항이 크면 기울기가 작아 수평에 가까운 직선이 되고, 저항이 작으면 기울기가 커져 수직에 가까운 직선이 된다.

$$i = \frac{1}{R} \times v = G \times v$$

G는 저항의 역수로 컨덕턴스라고 한다.

실험

1) 부품 및 계측기

- 직류 전원공급기
- 저항(1 kΩ, 1 MΩ)
- 디지털멀티미터(DMM)

2) 실험 순서

① 다음과 같이 회로를 구성한다.

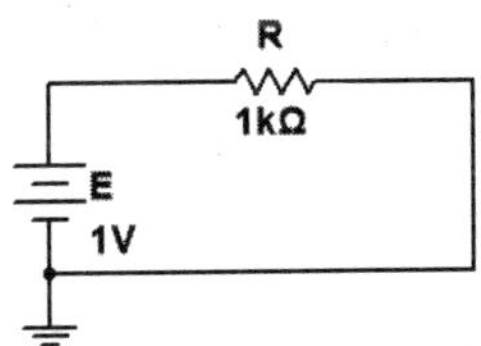

그림 1 실험회로

② 다음 회로와 같이 저항 R에 흐르는 전류를 DMM으로 측정하여 표1에 기록한다.

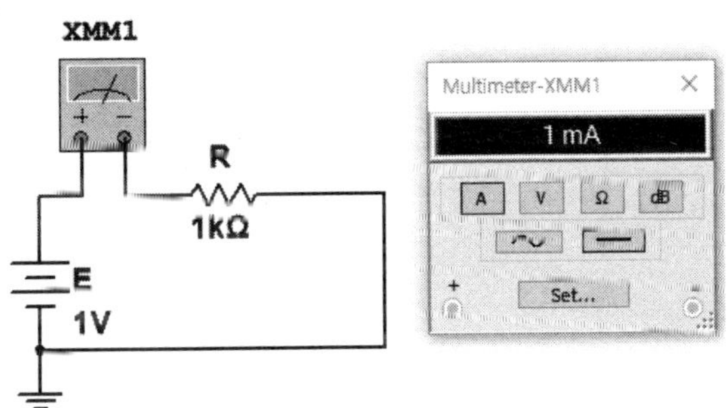

그림 2 실험회로(XMM1: DMM)

③ 전원공급기 E의 전압을 표 1과 같이 2, 3, 4, 5 V로 조정하고 그 때 저항에 흐르는 전류를 측정하여 표 1에 기록한다.

④ 표 1에 이론 값과 오차를 계산해서 기록한다.

$$오차 = \frac{측정값 - 이론값}{이론값} \times 100 \ (\%)를 측정한다.$$

⑤ 표 1에 기록된 값으로 전류-전압의 그래프를 표 2에 그린다.

⑥ 다음 그림과 같이 저항을 1 MΩ으로 변경하고 E를 1, 2, 3, 4, 5 V로 변경하면서 저항에 흐르는 전류를 측정해 표 3에 기록한다.

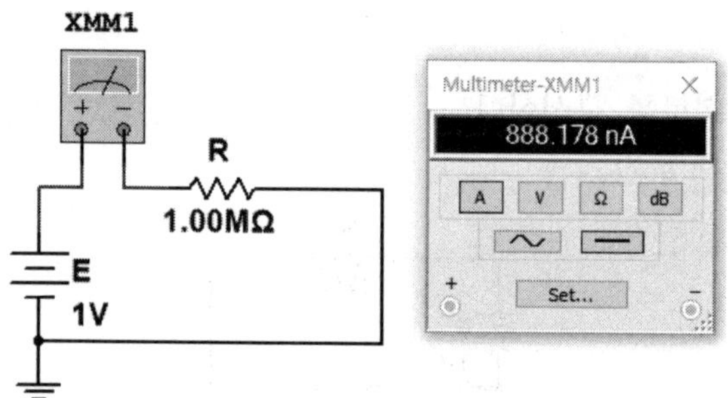

그림 3 실험회로(XMM1: DMM)

⑦ 표 3에 이론 값과 오차를 계산해서 기록한다.

$$오차 = \frac{측정값 - 이론값}{이론값} \times 100 \ (\%)를 측정한다.$$

⑧ 표 3의 데이터로 전류-전압 그래프를 표 4에 그린다.

3) 실험 결과

[표 1] $R = 1k\Omega$

E [V]	전류 [mA]		
	이론값 $i = \frac{E}{R}$	측정값	오차
1			
2			
3			
4			
5			

[표 2]

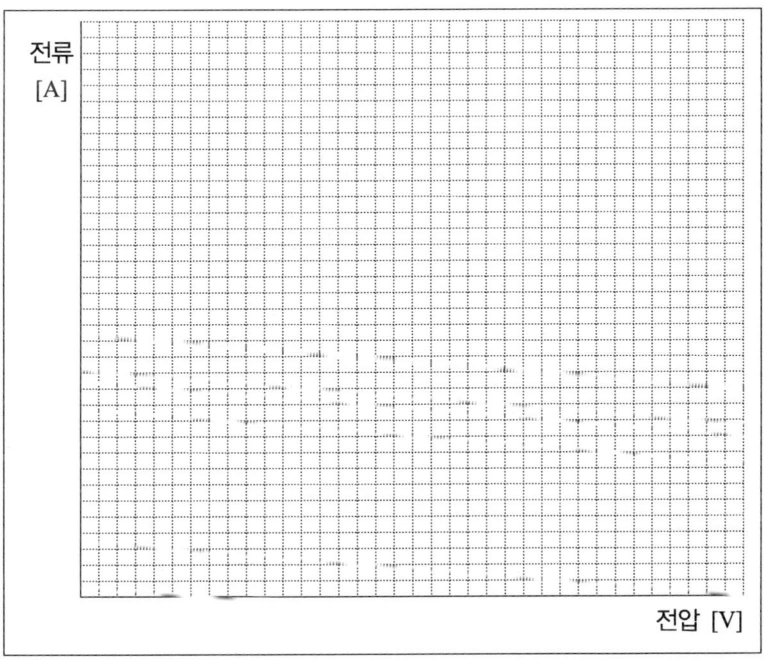

[표 3] $R = 1\,M\Omega$

E [V]	전류 [mA]		
	이론값 $i = \frac{E}{R}$	측정값	오차
1			
2			
3			
4			
5			

[표 4]

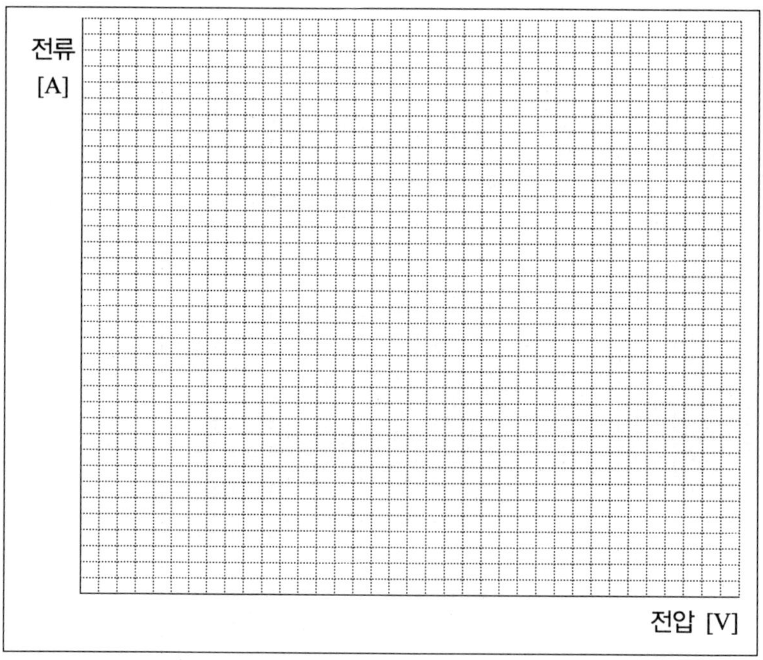

4) 검토

- 전류와 전압 사이의 관계
- 그래프에서 직선의 기울기와 저항과의 관계
- MultisimLive 시뮬레이션(www.multisim.com)

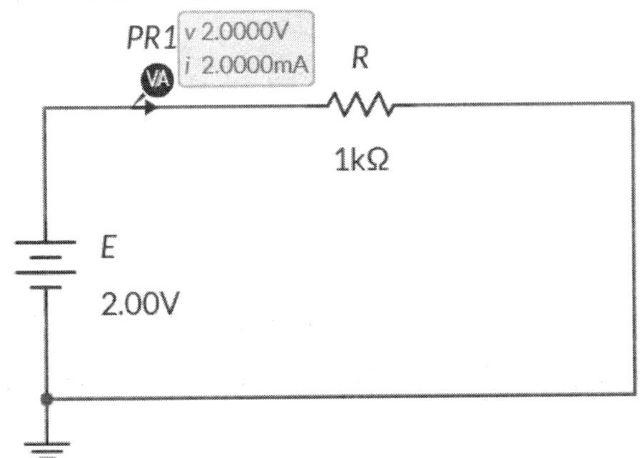

그림 4 Schematic(회로) 화면

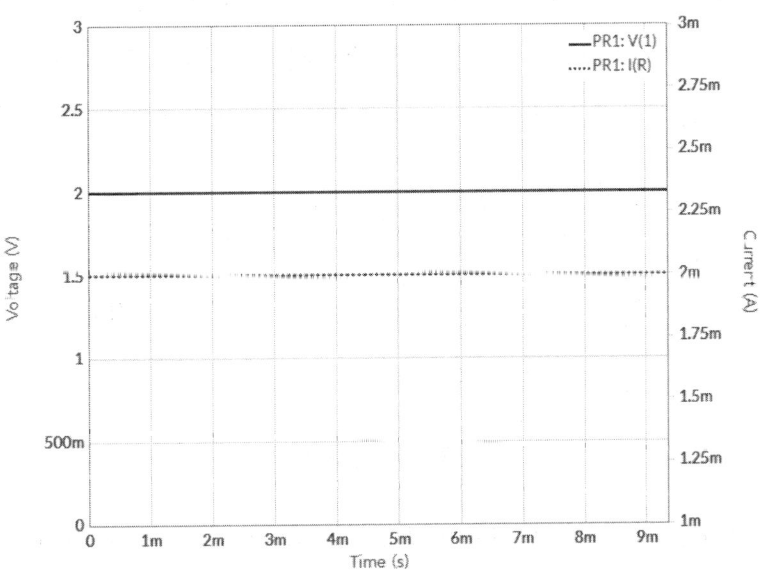

그림 5 Grapher(측정) 화면

04

직렬회로와 전압 분배

실험 목적

- 저항이 직렬로 연결되어 있는 회로에서 루프 주변의 전압강하의 합이 전원전압과 같다는 키르히호프(Kirchhoff)의 전압 법칙을 확인하고 전압 분배에 대해 알아본다.

이론

직렬회로는 모든 구성요소가 단일 루프를 구성한다. 전류는 루프의 모든 지점에서 동일하며 총 전압원을 총 저항으로 나누어 계산된다. 저항에서의 전압강하는 전류에 저항 값을 곱해서 계산된다. 직렬 회로에서 전류는 모두 같기 때문에 전압강하는 저항에 비례한다.

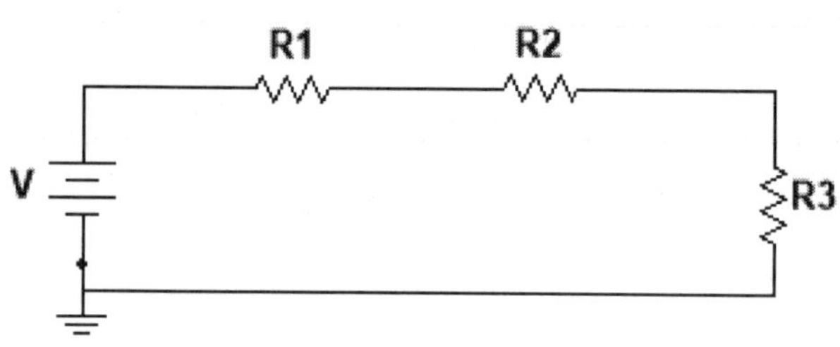

그림 1 직렬 회로

그림 1의 회로에서 옴의 법칙에 의해 저항 R_1에 걸리는 전압강하는 다음과 같다.

$$i = \frac{V}{R_1 + R_2 + R_3}$$

$$V_{R_1} = i \times R_1$$

특정 저항에서의 전압 분배는 총 저항에 대한 해당 저항의 비율을 총 전압에 곱한 것과 같다. 그림 1의 실험 회로에서 R_1에 걸리는 전압강하는 전압 분배에 의하면 다음과 같이 계산된다.

$$v_{R_1} = \frac{R_1}{R_1 + R_2 + R_3} \times V$$

실험

1) 부품 및 계측기

- 직류 전원공급기
- 저항 (200 Ω, 1 kΩ 2개)
- 디지털멀티미터(DMM)

2) 실험 순서

① 다음과 같이 실험 회로(R_1 = 200 Ω, R_2 = 1 kΩ, R_3 = 1 kΩ이고 E = 12 V)를 구성한다.

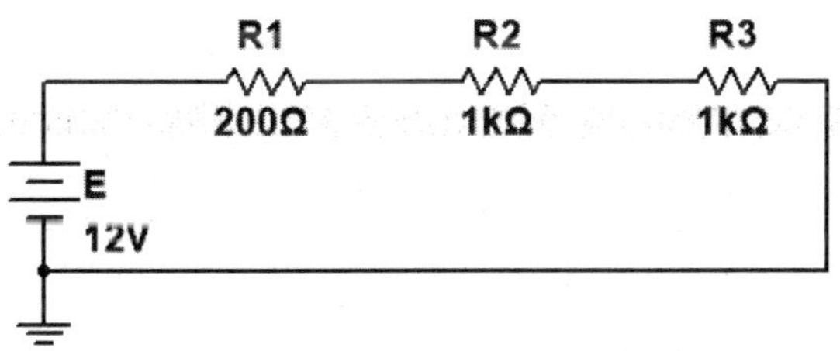

그림 2 실험회로

② 다음 회로와 같이 각각의 저항에 흐르는 전류를 DMM으로 측정하여 표1에 기록한다.

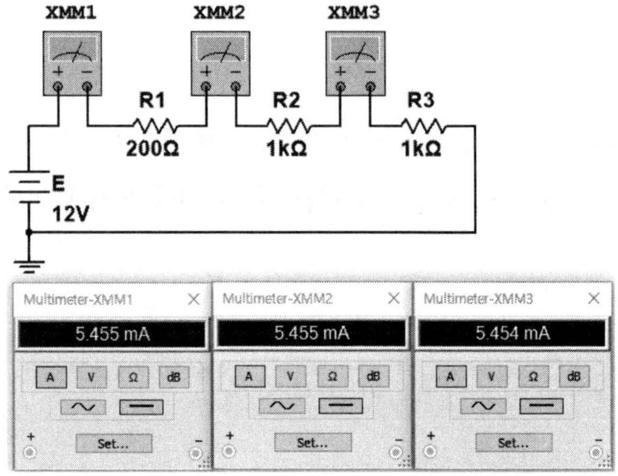

그림 3 실험회로(XMM1~XMM3: DMM)

③ 표 1에 이론 값과 오차를 계산하여 기록한다.

④ 위에서 계산한 전류 이론값에 옴의 법칙을 적용하여 각 저항에서의 전압강하를 계산해서 표 2의 이론값(오옴 법칙)에 기록한다.

⑤ 다음 회로와 같이 DMM으로 각 저항에 걸리는 전압을 측정하여 표 2에 기록한다.

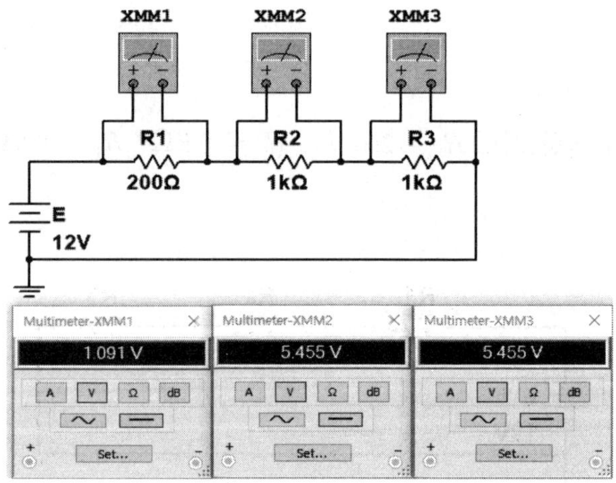

그림 4 실험회로(XMM1~XMM3: DMM)

⑥ 표 2에 오차를 계산, 기록한다.

⑦ 전압 배분에 의해 각 저항에 걸리는 전압을 계산해서 표 3의 이론값(전압 분배)에 기록한다.

$$\text{전압 분배에 의한 계산 : } V_{R_i} = \frac{R_i}{R_1 + R_2 + R_3} \times E$$

⑧ 표2의 전압 측정값을 표3에 기록하고 오차를 계산, 표 3에 기록한다.

3) 실험 결과

[표 1]

전류	이론값 $i = \dfrac{E}{R_1 + R_2 + R_3}$	측정값	오차 = $\dfrac{\text{측정값} - \text{이론값}}{\text{이론값}} \times 100(\%)$
i_{R_1}			
i_{R_2}			
i_{R_3}			

[표 2]

전압 강하	이론값 $v = i \times R$	측정값	오차 = $\dfrac{\text{측정값} - \text{이론값}}{\text{이론값}} \times 100(\%)$
v_{R_1}			
v_{R_2}			
v_{R_3}			

[표 3]

전압 강하	이론값 $V_{R_i} = \dfrac{R_i}{R_1+R_2+R_3} \times E$	측정값	오차 $= \dfrac{\text{측정값} - \text{이론값}}{\text{이론값}} \times 100(\%)$
v_{R_1}			
v_{R_2}			
v_{R_3}			

4) 검토

- 키르히호프의 전압 법칙
- 전압과 저항 사이의 관계
- 전압 분배
- MultisimLive 시뮬레이션(www.multisim.com)

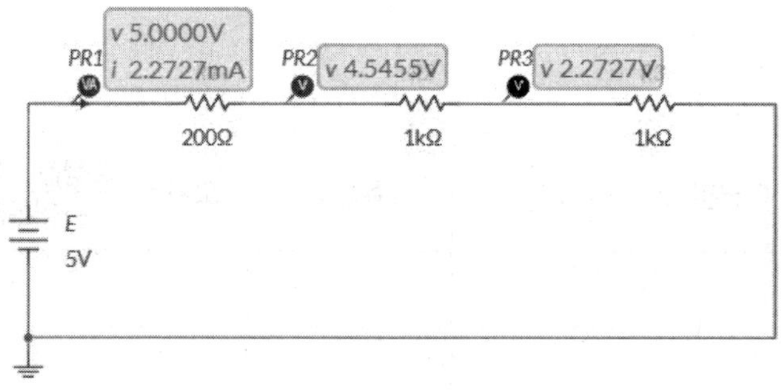

그림 5 Schematic(회로) 화면

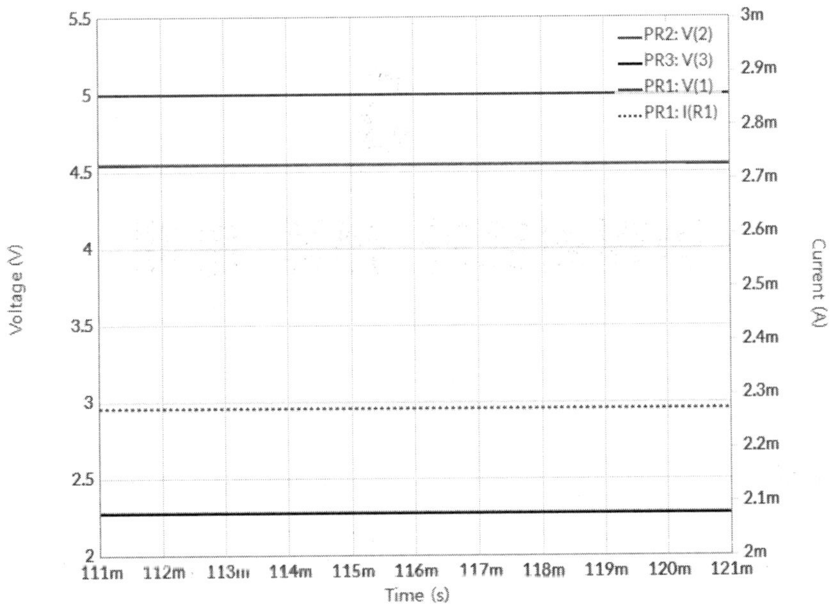

그림 6 Grapher(측정) 화면

05

병렬회로와 전류 분배

실험 목적

• 들어온 전류의 합은 나간 전류의 합과 같다는 키르히호프(Kirchhoff)의 전류 법칙을 확인하고 전류 분배에 대해 알아본다.

이론

병렬회로는 모든 구성요소가 두 개의 공통 노드를 공유하며, 병렬회로 구성요소의 전압은 동일하고 인가된 공급 전압과 같다. 총 공급 전류는 공급 전압을 등가의 병렬저항으로 나누거나 모든 분기 전류를 합해서 얻어진다. 병렬회로의 저항에 흐르는 전류는 공급 전압을 저항으로 나누어 계산한다. 즉, 병렬회로에서 전류는 전압이 동일하기 때문에 전항에 반비례한다.

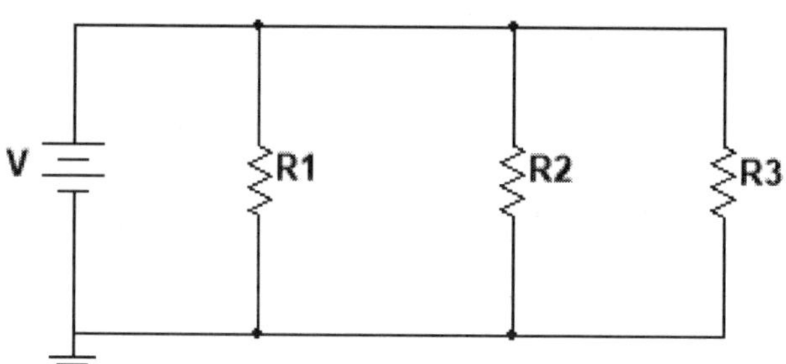

그림 1 병렬 회로

그림 1의 실험회로에서 총 전류와 저항(R_1, R_2, R_3)에 걸리는 전압강하(V_{R_1}, V_{R_2}, V_{R_3})는 다음과 같다.

$$V = V_{R_1} = V_{R_2} = V_{R_3}$$

$$i = i_{R_1} + i_{R_2} + i_{R_3}$$

$$i_{R_1} = \frac{V_{R_1}}{R_1},\ i_{R_2} = \frac{V_{R_2}}{R_2},\ i_{R_3} = \frac{V_{R_3}}{R_3}$$

저항에 특정한 값의 전류가 흐르도록 할 때 전류 분배를 사용한다. 저항 2개가 병렬로 연결된 회로에서 하나의 저항에 흐르는 전류는 총 전류에 총 저항분에 다른 저항의 비를 곱한 것과 같다. 그림 1의 회로에서 저항에 흐르는 전류를 전류 분배에 의해 계산하면 다음과 같다.

$$i_{R_1} = i \times \frac{R_T}{R_1 + R_T},\ \frac{1}{R_T} = \frac{1}{R_2} + \frac{1}{R_3}$$

$$i_{R_2} = i \times \frac{R_T}{R_2 + R_T},\ \frac{1}{R_T} = \frac{1}{R_1} + \frac{1}{R_3}$$

$$i_{R_3} = i \times \frac{R_T}{R_3 + R_T},\ \frac{1}{R_T} = \frac{1}{R_1} + \frac{1}{R_2}$$

실험

1) 부품 및 계측기

- 직류 전원공급기
- 저항(200 Ω 2개, 1 kΩ 2개)
- 디지털멀티미터(DMM)

2) 실험 순서

① 다음의 회로(R_1 = 200 Ω, R_2 = 1 kΩ, R_3 = 1 kΩ이고 E = 5 V)를 구성한다.

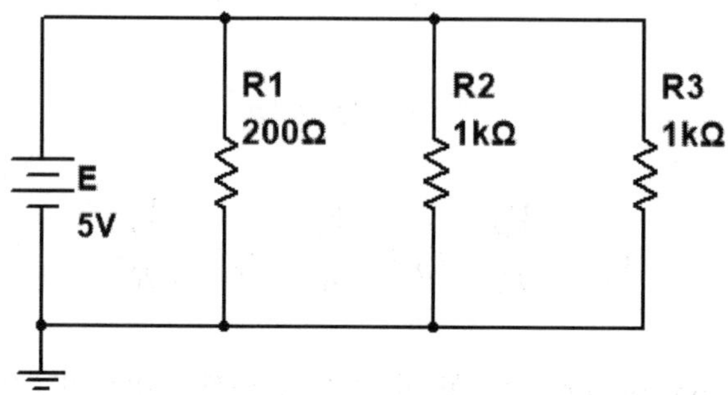

그림 2 실험회로

② 각 저항에서의 전압강하 이론값을 계산, 표 1에 기록한다.

③ 다음 회로와 같이 저항에서의 전압강하를 DMM으로 측정해서 표 1에 기록한다.

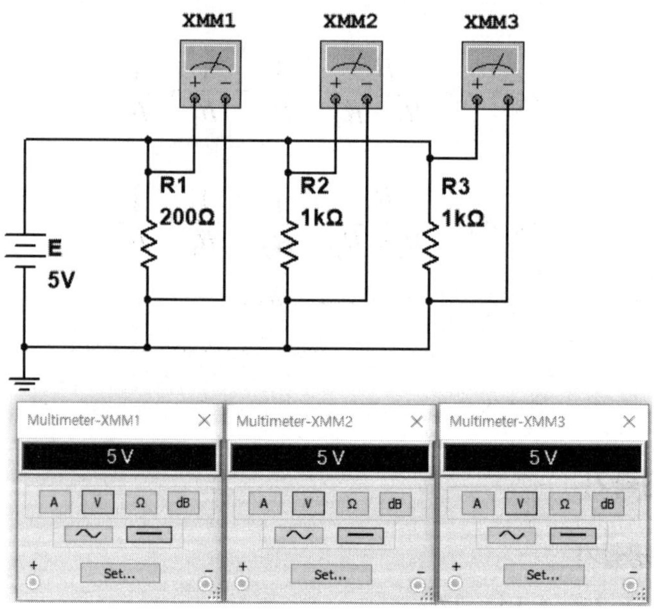

그림 3 실험회로(XMM1~XMM3: DMM)

④ 표 1에서 오차를 계산한다.

⑤ 오옴의 법칙을 이용해 각 저항에 흐르는 전류를 계산해서 표 2의 이론값에 기록하고 총 전류를 계산한다.

⑥ 다음 회로와 같이 DMM을 사용해 각 저항에 흐르는 전류를 측정해서 표 2에 기록한다.

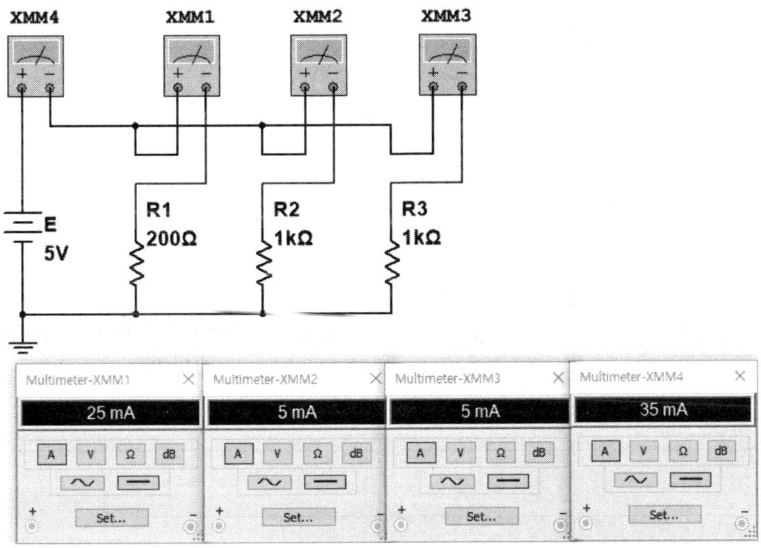

그림 4 실험회로(XMM1~XMM4: DMM)

⑦ 표2의 오차를 계산해 기록한다.

⑧ 표2의 총 전류(i)에 전류 분배를 사용해 각 저항에 흐르는 전류를 계산해서 표 3에 기록한다.

$$i_{R_1} = i \times \frac{R_T}{R_1 + R_T},\ \frac{1}{R_T} = \frac{1}{R_2} + \frac{1}{R_3}$$

$$i_{R_2} = i \times \frac{R_T}{R_2 + R_T},\ \frac{1}{R_T} = \frac{1}{R_1} + \frac{1}{R_3}$$

$$i_{R_3} = i \times \frac{R_T}{R_3 + R_T},\ \frac{1}{R_T} = \frac{1}{R_1} + \frac{1}{R_2}$$

3) 실험 결과

[표 1]

전압 강하	이론값	측정값	오차 $= \frac{\text{측정값} - \text{이론값}}{\text{이론값}} \times 100(\%)$
v_{R_1}			
v_{R_2}			
v_{R_3}			

[표 2]

전류	이론값	측정값	오차 $= \frac{\text{측정값} - \text{이론값}}{\text{이론값}} \times 100(\%)$
i_{R_1}			
i_{R_2}			
i_{R_3}			
합계			

[표 3]

전류	전류 분배에 의한 계산
i_{R_1}	
i_{R_2}	
i_{R_3}	

4) 검토

- 키르호호프의 전류 법칙
- 저항과 전류사이의 관계
- 전류 분배
- MultisimLive 시뮬레이션(www.multisim.com)

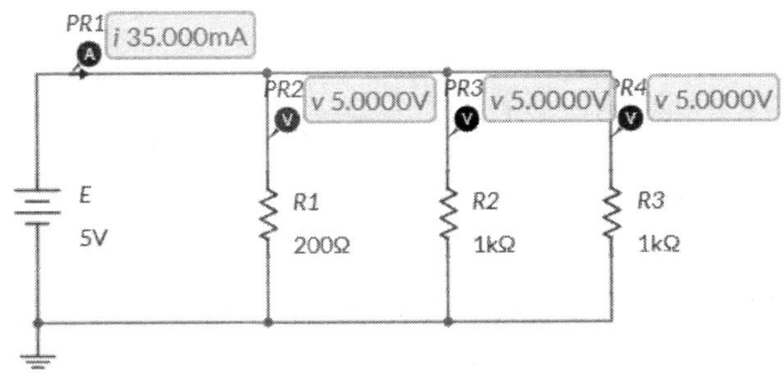

그림 5 Schematic(회로) 화면

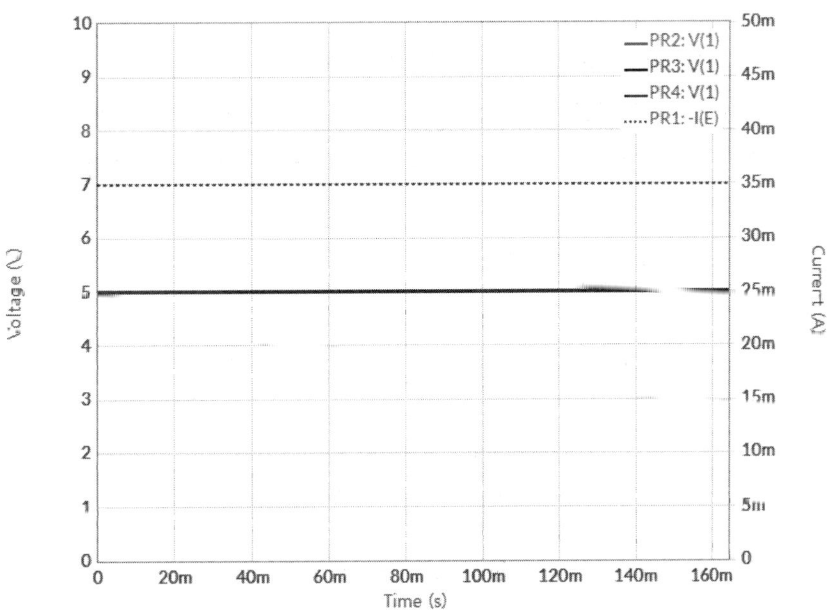

그림 6 Grapher(측정) 화면

06

직병렬 회로

실험 목적

- 저항이 직렬과 병렬로 연결된 직류회로를 분석한다. 단순한 직렬 또는 병렬 회로를 사용해 원하는 전압 또는 전류를 만들 수 있다.

이론

단순한 직렬·병렬 회로망은 하위의 직렬 및 병렬 회로가 서로 연결된 것으로 볼 수 있다. 하위 회로는 키르히호프의 전압/전류 법칙과 함께 전압 분배와 전류 분배에 의해 해석될 수 있다. 보다 복잡한 연결 회로를 이해하려면 먼저 단순한 직렬·병렬 연결을 알아야 한다.

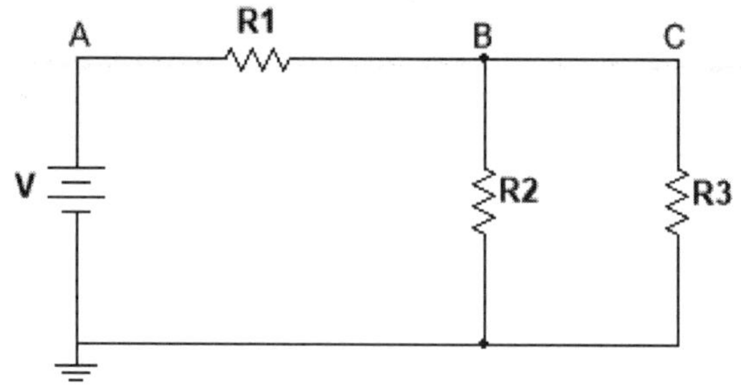

그림 1 하위 병렬 회로

그림 1에서 하위 병렬 회로에 키르히호프 전류 법칙을 적용하면 노드 B에 들어가는 전류(R_1에 흐르는 전류 i_{R_1})는 저항 R_2와 R_3에 흐르는 전류인 i_{R_2}와 i_{R_3}의 합과 같다.

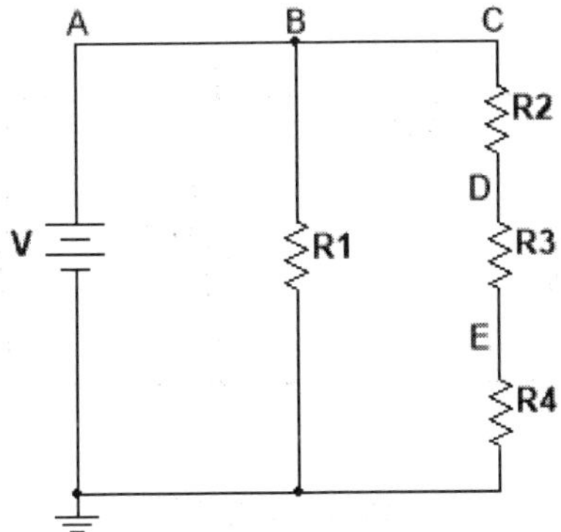

그림 2 하위 직렬 회로

그림 2에서는 저항 R_1에 하위 직렬 회로가 병렬로 연결되어 있다. 노드 A, B, C에 걸리는 전압은 모두 병렬회로이므로 같다. 하위 직렬회로의 저항 R_2, R_3와 R_4에 흐르는 전류는 모두 같다. 노드 C에 걸리는 전압 v_C는 저항 R_2, R_3와 R_4에 걸리는 전압인 v_{R_2}, v_{R_3}와 v_{R_4}의 합과 같다. 전류 분배에 의해 전압원에서 나온 전류 i는 저항 R_1에 흐르는 전류 i_{R_1}과 저항 R_2에 흐르는 전류 i_{R_2}의 합과 같다.

실험

1) 부품 및 계측기

- 직류 전원공급기
- 저항(200 Ω 2개, 1 kΩ 2개)
- 디지털멀티미터(DMM)

2) 실험 순서

① 다음 회로(R_1 = 200 Ω, R_2 = 1 kΩ, R_3 = 1 kΩ이고 E = 9 V)를 구성한다.

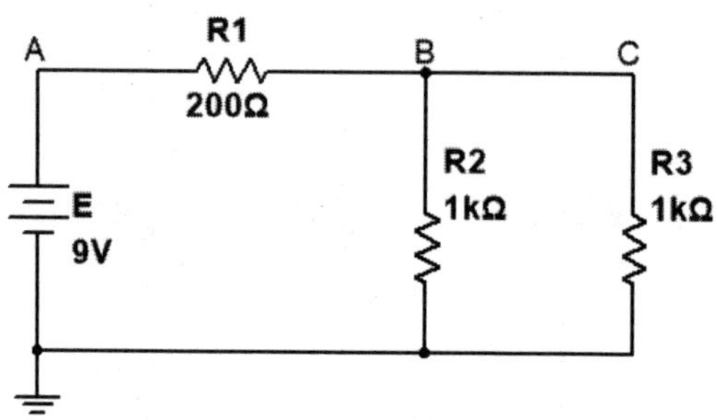

그림 3 실험회로

② 위 회로에서 A, B, C 지점과 접지 사이의 전압을 계산해서 표 1에 기록한다.

③ 다음 회로에서와 같이 DMM을 사용해 A, B, C 지점과 접지 사이의 전압을 측정해서 표 1의 측정값을 기록한다. 또한 이론값과 측정값과의 오차를 계산 표 1에 기록한다.

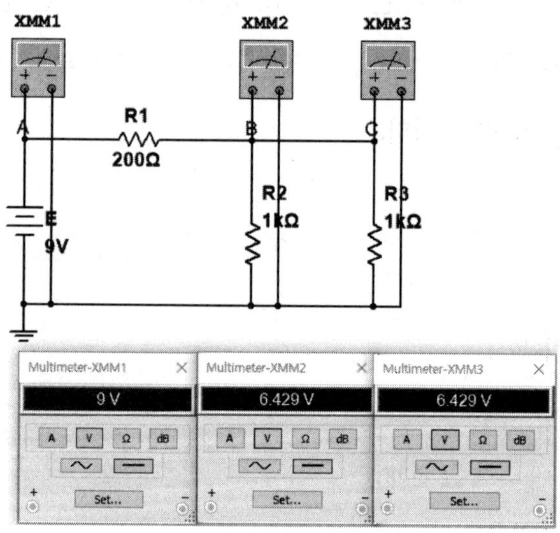

그림 4 실험회로(XMM1~XMM3: DMM)

④ 오옴의 법칙을 사용해 저항에 흐르는 전류를 계산하여 표 2에 기록한다.

⑤ 다음 회로와 같이 DMM으로 전류를 측정해, 표 2에 기록한다.

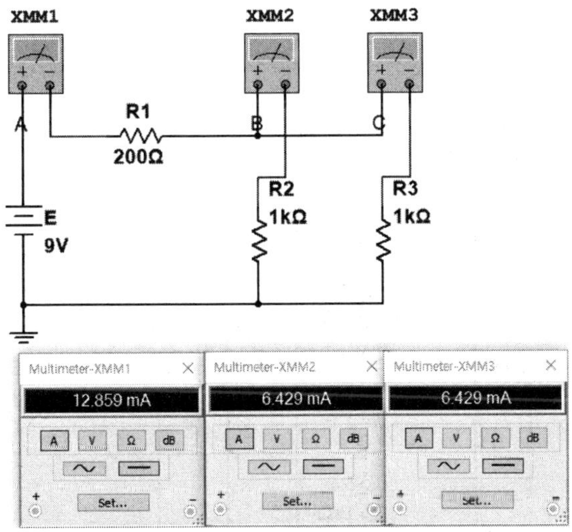

그림 5 실험회로(XMM1~XMM3: DMM)

⑥ 표 2에서 오차를 계산, 기록한다.

⑦ 다음과 같이 회로(R_1 = 200 Ω, R_2 = 200 Ω, R_3 = 1 kΩ, R_4 = 1 kΩ이고 E = 9 V)를 구성한다.

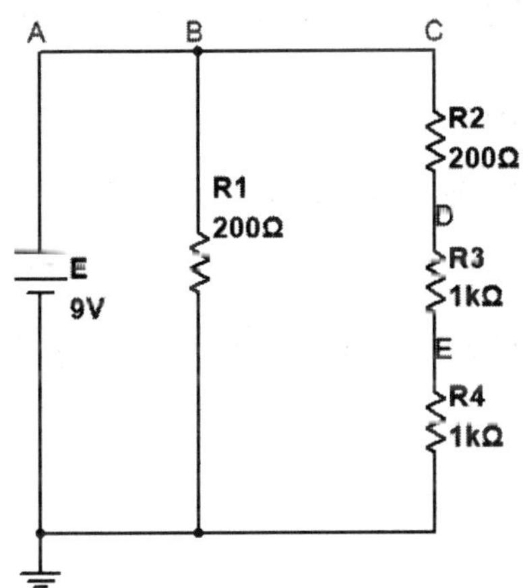

그림 6 실험회로

⑧ 노드 B, C, D 및 E에서의 전압을 계산해서 표 3에 기록한다.

⑨ 다음 회로에서와 같이 DMM으로 노드 B, C, D 및 E에서의 전압을 측정해서 표 3에 기록한다.

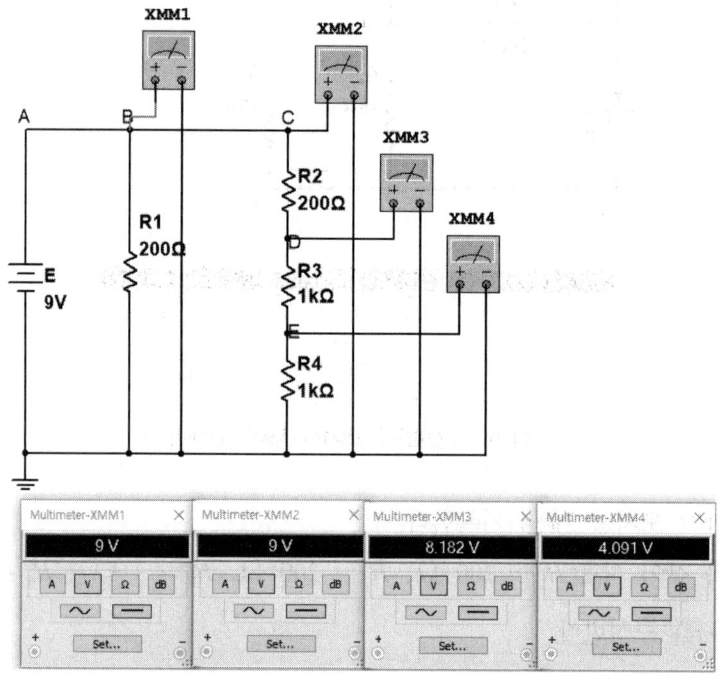

그림 7 실험회로(XMM1~XMM4: DMM)

⑩ 표 3에서 오차를 계산한다.

⑪ 전압원에서 나온 전류 i와 저항 R_1와 R_2에 흐르는 전류인 i_{R_1}와 i_{R_2}를 계산해서 표 4에 기록한다.

⑫ 다음 회로와 같이 DMM으로 전류 i, i_{R_1} 및 i_{R_2}를 측정해서 표 4에 기록한다.

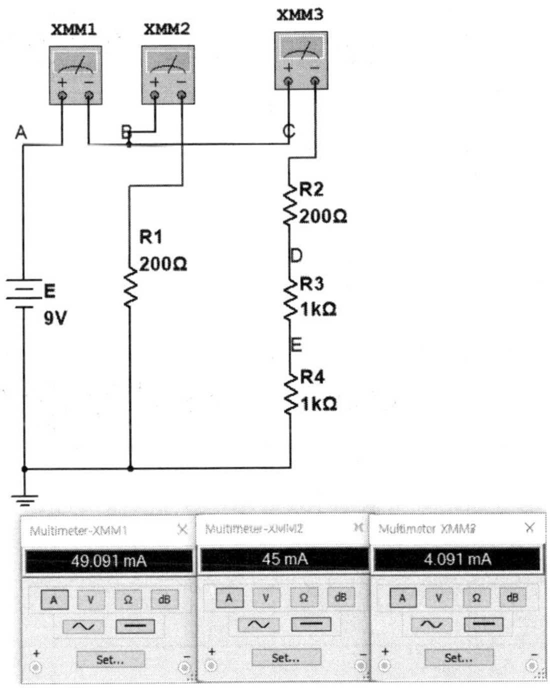

그림 8 실험회로(XMM1~XMM3: DMM)

⑬ 표 4에서 오차를 계산한다.

3) 실험 결과

[표 1]

전압	이론값	측정값	$\text{오차} = \frac{\text{측정값} - \text{이론값}}{\text{이론값}} \times 100(\%)$
v_A			
v_B			
v_C			

[표 2]

전류	이론값	측정값	오차 $= \frac{\text{측정값} - \text{이론값}}{\text{이론값}} \times 100(\%)$
i_{R_1}			
i_{R_2}			
i_{R_3}			

[표 3]

전압	이론값	측정값	오차 $= \frac{\text{측정값} - \text{이론값}}{\text{이론값}} \times 100(\%)$
v_B			
v_C			
v_D			
v_E			

[표 4]

전류	이론값	측정값	오차 $= \frac{\text{측정값} - \text{이론값}}{\text{이론값}} \times 100(\%)$
i			
i_{R_1}			
i_{R_2}			

4) 검토

- 직병렬 회로에서 전압 및 전류 분배
- MultisimLive 시뮬레이션(www.multisim.com)

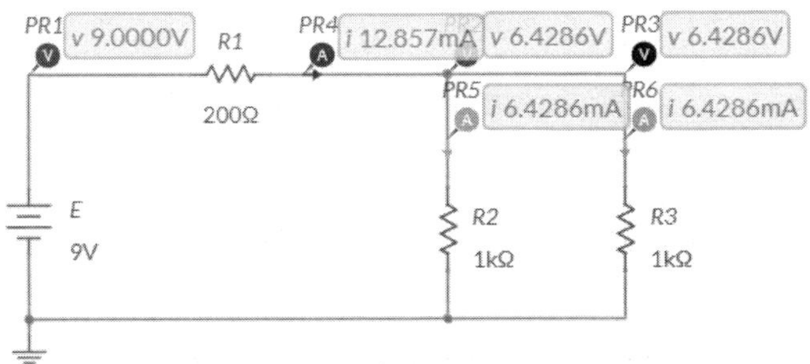

그림 9 하위 병렬 회로 Schematic 화면

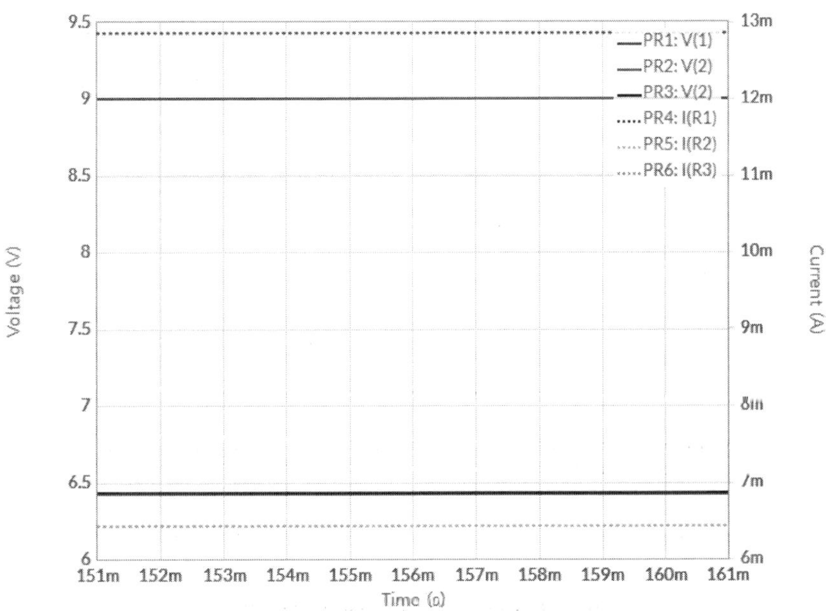

그림 10 하위 병렬 회로 Grapher 화면

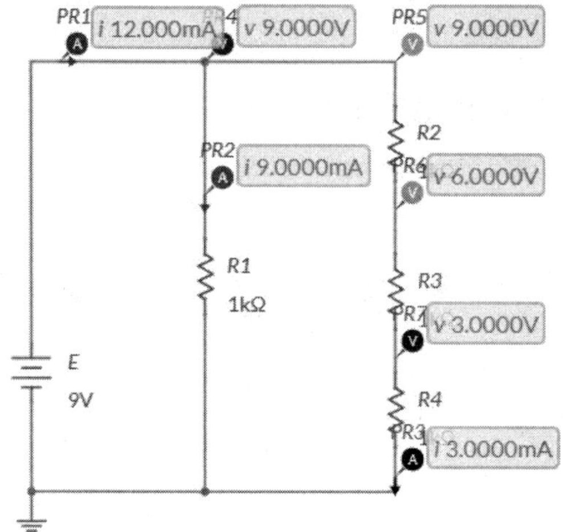

그림 11 하위 직렬 회로 Schematic 화면

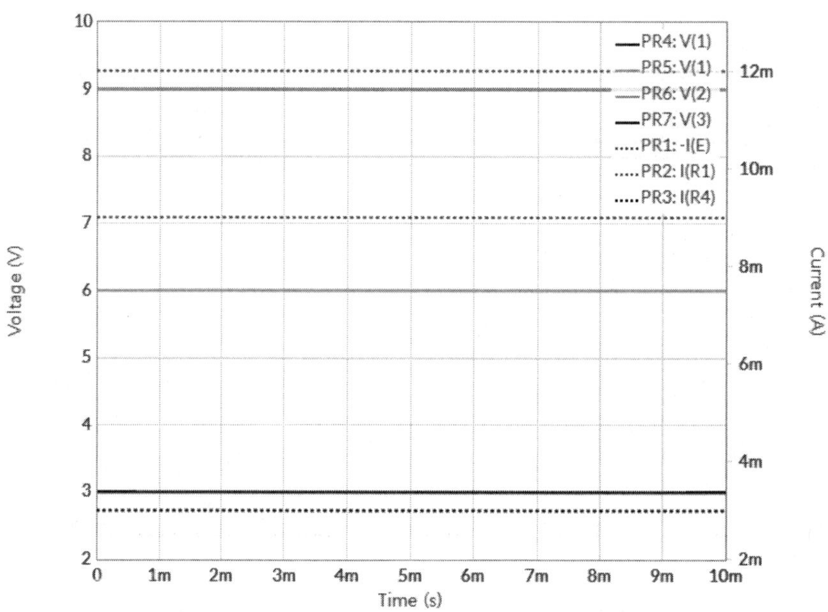

그림 12 하위 직렬 회로 Grapher 화면

07

래더와 브리지 직병렬 회로

실험 목적

• 기본적인 직병렬 회로인 래더(Ladder)와 브리지(Bridge) 회로에 대해 알아본다.

이론

래더 회로(그림 1)는 일련의 직렬 및 병렬회로가 교차로 연결되어 있어서 계단식 전압 분배기로 볼 수 있고 전류 분배기로도 사용될 수 있다. 키르히호프 전압/전류 법칙과 전압 및 전류 분배에 의해 회로를 해석할 수 있다.

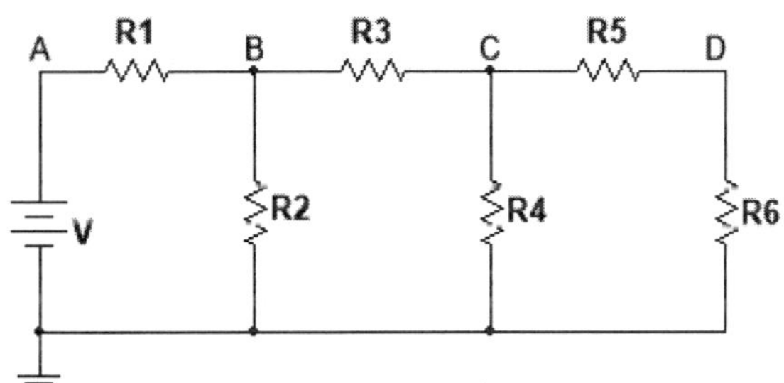

그림 1 래더 회로

그림 1의 회로에서 R_5와 R_6는 직렬이고 이들과 R_4는 병렬이다. 따라서 R_4에 걸린 전압 v_C

는 R_5와 노드 D에 걸린 전압인 v_{R_5}와 v_D의 합과 같다. R_3에서 노드 C로 들어가는 전류 i_{R_3}는 R_4와 R_5를 통해 흐르는 전류인 i_{R_4}와 i_{R_5}의 합과 같다. 마찬가지로 각 저항에서의 전압과 전류는 다음과 같다.

$$V = v_{R_1} + v_B$$

$$v_B = v_{R_3} + v_C$$

$$v_C = v_{R_5} + v_D$$

$$i_{R_1} = i_{R_2} + i_{R_3}$$

$$i_{R_3} = i_{R_4} + i_{R_5}$$

여기서 v_B 보다 v_C가 작고 v_C 보다 v_D가 작아서, 래더 회로는 일련의 전압 분배기로 간주될 수 있다.

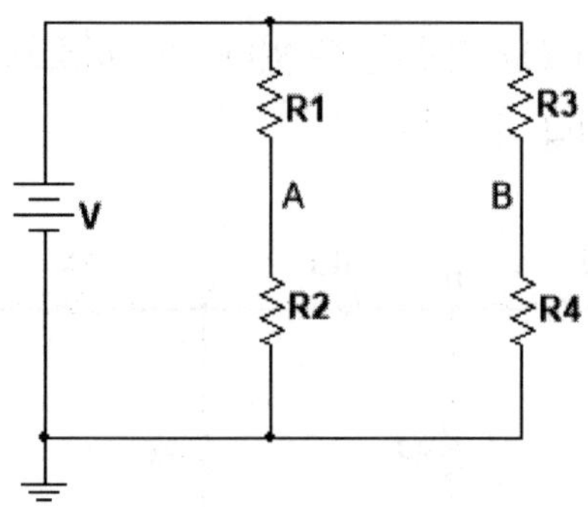

그림 2 브리지 회로

브리지 회로(그림 2)는 이중의 직렬 및 병렬 구성으로 이루어져 있으며, 저항값을 측정하는 데 널리 사용된다. 즉, 전류가 흐르지 않는 상태(평형상태)를 측정하여 저항 값을 알아낸다. 그림 2의 회로에서 v_A와 v_B는 전압 배분에 의해 다음과 같이 계산된다.

$$v_A = \frac{R_2}{R_1 + R_2} \times V$$

$$v_B = \frac{R_4}{R_3 + R_4} \times V$$

A, B 지점 사이의 전압 v_{AB}는 A, B 지점의 전압의 차이로 계산된다.

$$v_{AB} = v_A - v_B$$

만약 $v_{AB} = 0(v_A = v_B)$이면

$$\frac{R_2}{R_1 + R_2} \times V = \frac{R_4}{R_3 + R_4} \times V \text{이고}$$

$$R_2 R_3 = R_1 R_4$$

$R_2 R_3 = R_1 R_4$을 브리지 평형조건이라 한다.

그림 2의 회로에서 R_2가 모르는 값 x라면 R_4를 가변저항 R로 대체하고 브리지 평형조건이 되도록 R을 조정한다. 평형조건이 되면 x를 다음 식에서 구할 수 있다.

$$x = \frac{R_1 R}{R_3}$$

실험

1) 부품 및 계측기

- 직류 전원공급기
- 저항(200 Ω 3개, 1 kΩ 3개), 가변저항(1 kΩ)
- 디지털멀티미터(DMM)

2) 실험 순서

① 다음과 같이 회로(R_1 = 200 Ω, R_2 = 200 Ω, R_3 = 1 kΩ, R_4 = 200 Ω, R_5 = 1 kΩ, R_6 = 1 kΩ이고 E = 12 V)를 구성한다.

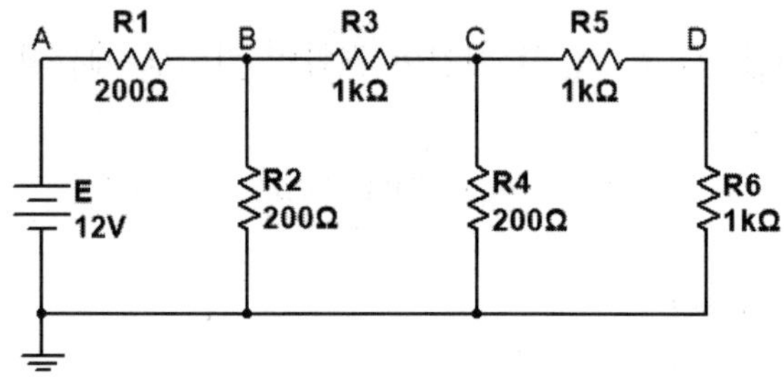

그림 3 실험회로

② 노드 A, B, C 및 D에서의 전압을 계산해서 표 1에 기록한다.

③ 다음 회로와 같이 DMM으로 노드 A, B, C 및 D에서의 전압을 측정해서 표 1에 기록한다.

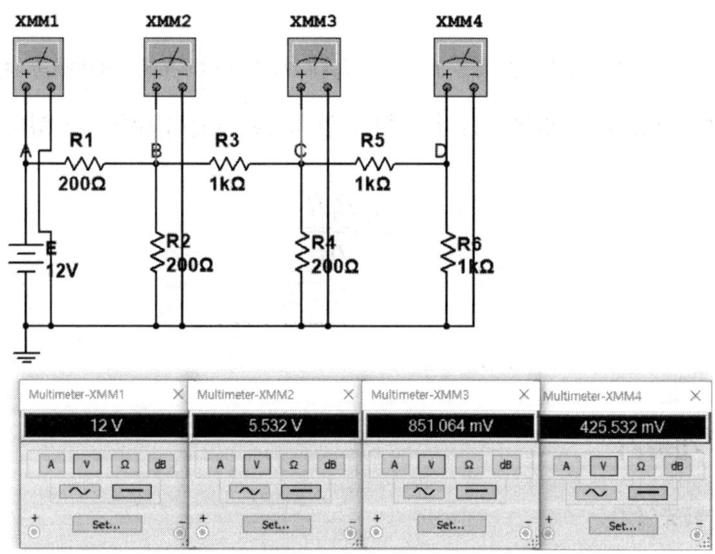

그림 4 실험회로(XMM1~XMM4: DMM)

④ 표 1에서 오차를 계산한다.

⑤ 앞에서 계산한 노드 전압에 기초해서 저항 R_1, R_2, R_4 및 R_6에 흐르는 전류 i_{R_1}, i_{R_2}, i_{R_4} 및 i_{R_6}를 계산해서 표 2에 기록한다. $i_{R_1} = \frac{v_{R_1}}{R_1}$, $v_{R_1} = v_A - v_B$, $i_{R_2} = \frac{v_{R_2}}{R_2}$, $v_{R_2} = v_B$, $i_{R_4} = \frac{v_{R_4}}{R_4}$, $v_{R_4} = v_C$, $i_{R_6} = \frac{v_{R_6}}{R_6}$, $v_{R_6} = v_D$

⑥ 다음 회로에서와 같이 DMM으로 전류 i_{R_1}, i_{R_2}, i_{R_4} 및 i_{R_6}를 측정해서 표 2에 기록한다.

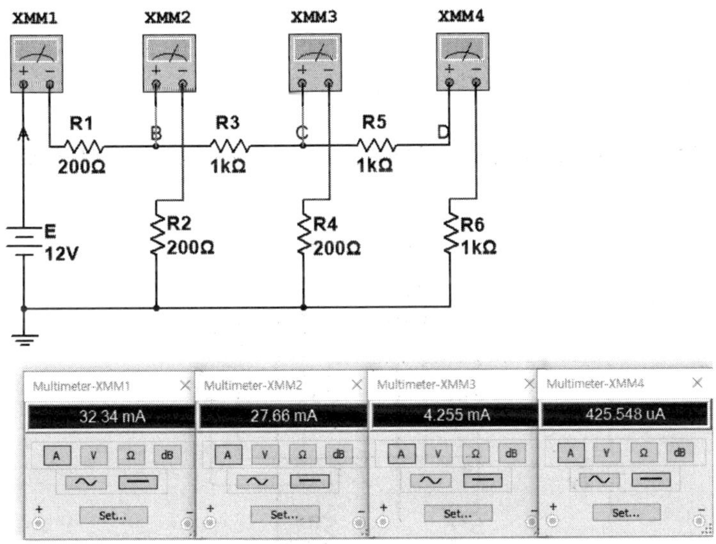

그림 5 실험회로(XMM1~XMM4: DMM)

⑦ 표 2에서 오차를 계산한다.

⑧ 다음과 같이 회로(R_1 = 200 Ω, R_2 = 1 kΩ, R_3 = 1 kΩ, R_4 = 200 Ω이고 E = 6 V)를 구성한다.

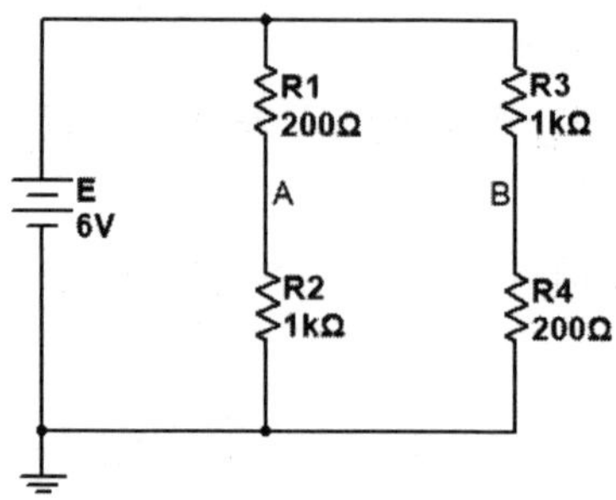

그림 6 실험회로

⑨ v_A, v_B 및 v_{AB}의 이론값을 계산해서 표 3에 기록한다. $v_A = E \times \dfrac{R_2}{R_1 + R_2}$,

$v_B = E \times \dfrac{R_4}{R_3 + R_4}$, $v_{AB} = v_A - v_B$

⑩ 다음 회로와 같이 DMM을 사용해 v_A, v_B 및 v_{AB}를 측정해서 표 3에 기록한다.

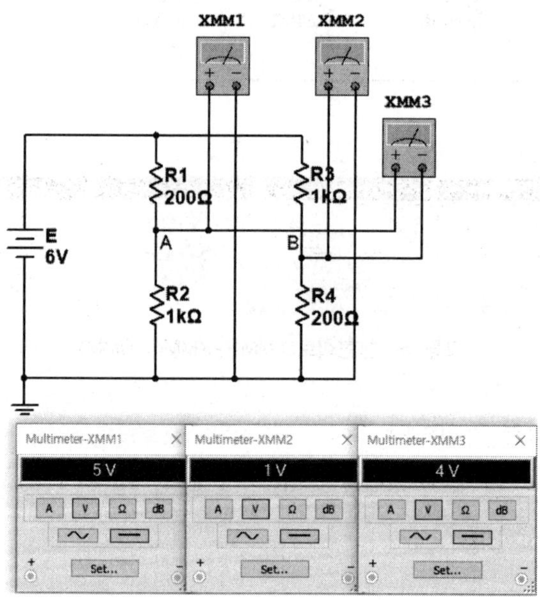

그림 7 실험회로(XMM1~XMM3: DMM)

⑪ 표 3에서 오차를 계산한다.

⑫ 다음 회로와 같이 R_4를 가변저항으로 대체하고 R_2로 임의의 저항을 사용하고 그 값을 모른다고 하자. DMM으로 저항 R_1과 R_3를 측정해 표 4에 기록한다.

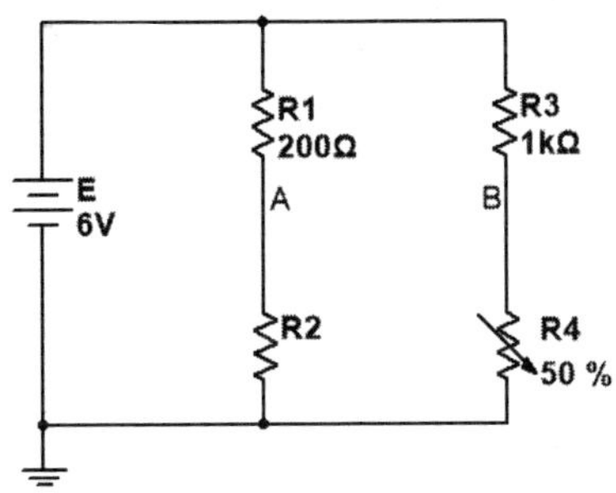

그림 8 실험회로

⑬ 다음 회로와 같이 $V_{AB}=0$이 되도록 가변저항 R_4의 노브 축을 회전시킨다. $V_{AB}=0$일 때의 가변저항의 값을 DMM으로 측정해 표 4에 기록한다.

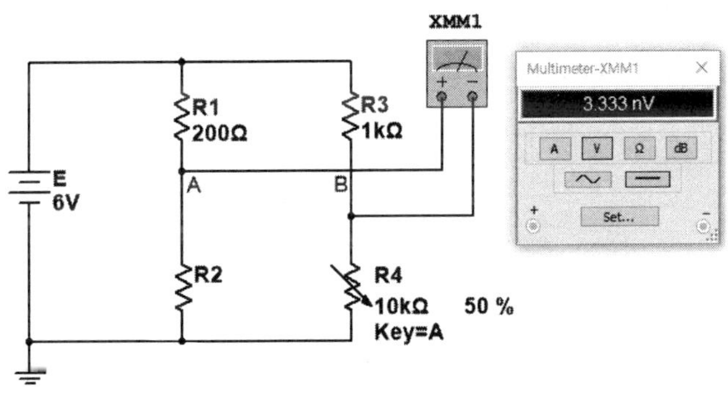

그림 9 실험회로(XMM1: DMM)

⑭ 평형조건에서 저항 R_2의 값을 계산해 표 4에 기록한다($R_2 = \dfrac{R_1 R}{R_3}$).

⑮ 평형조건에서 다음과 같이 R_2값을 DMM으로 측정해서 기록하고 오차를 계산한다.

3) 실험 결과

[표 1]

전압	이론값	측정값	오차 $= \frac{\text{측정값} - \text{이론값}}{\text{이론값}} \times 100(\%)$
v_A			
v_B			
v_C			
v_D			

[표 2]

전류	이론값	측정값	오차 $= \frac{\text{측정값} - \text{이론값}}{\text{이론값}} \times 100(\%)$
i_{R_1}			
i_{R_2}			
i_{R_4}			
i_{R_6}			

[표 3]

전압	이론값	측정값	오차 $= \frac{\text{측정값} - \text{이론값}}{\text{이론값}} \times 100(\%)$
v_A			
v_B			
v_{AB}			

[표 4]

R_4	R_1	R_3	브리지 평형조건		
측정값	측정값	측정값	이론값 $R_2 = \frac{R_1 R}{R_3}$	측정값	오차 = $\frac{\text{측정값} - \text{이론값}}{\text{이론값}} \times 100(\%)$

4) 검토

- 래더 회로에서의 전압 분배
- 브리지 회로의 실험⑬에서 DMM 잭의 극성을 반대로 연결해 v_{AB}를 측정
- MultisimLive 시뮬레이션(www.multisim.com)

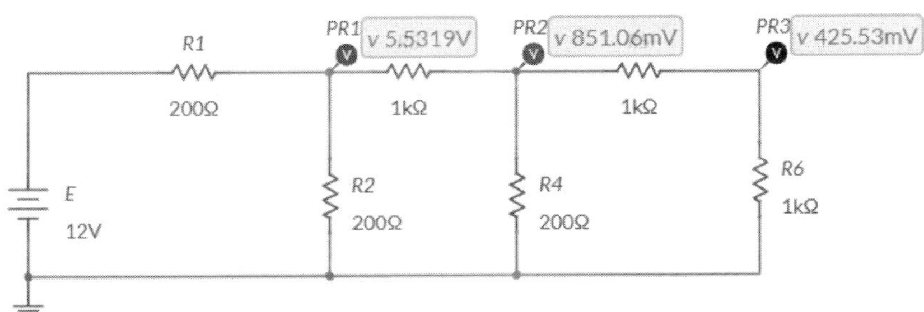

그림 10 래더 회로 Schematic 화면

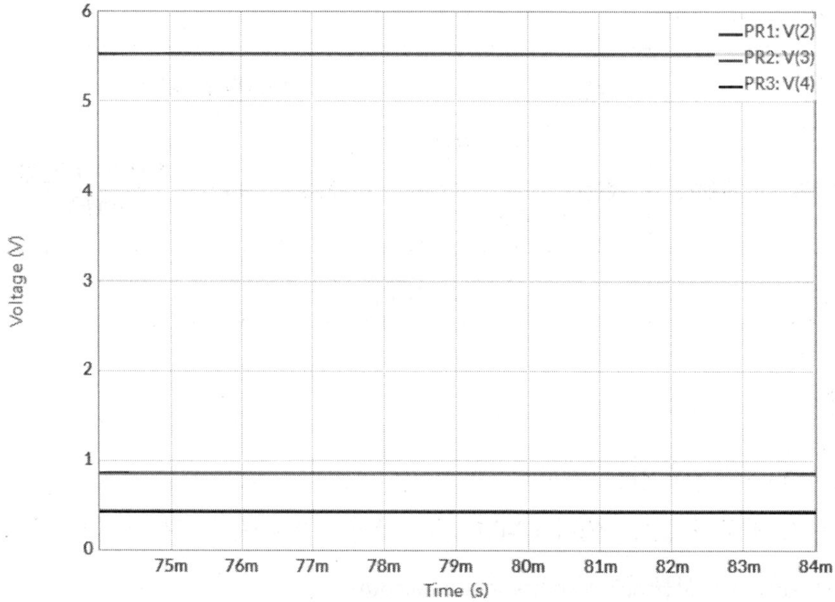

그림 11 래더 회로 Grapher 화면

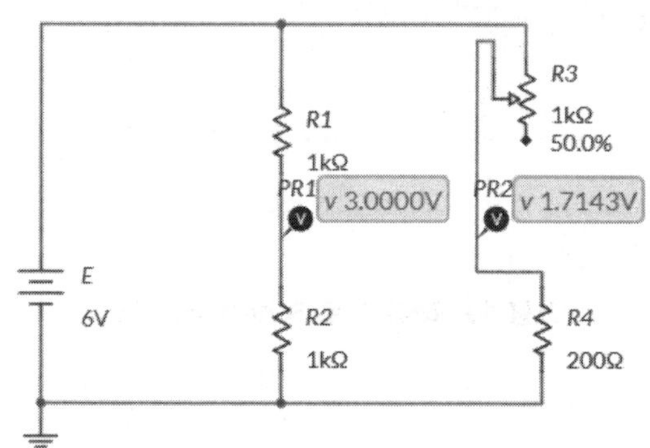

그림 12 브리지 회로 Schematic 화면

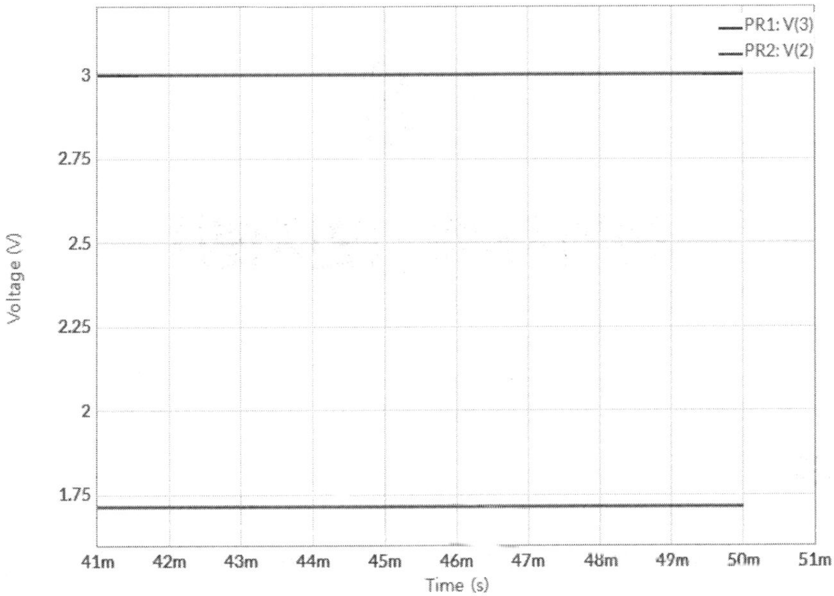

그림 13 브리지 회로 Grapher 화면

08

전위차계(가변저항)

실험 목적

- 전위차계(가변저항)의 동작을 알아보고 전위차계(가변저항)를 사용해 전압 및 전류를 조정한다.

이론

전위차계(Potentiometer)는 3개의 단자를 갖고 단자 사이의 저항을 변경할 수 있는 장치이다. 그림 1에서 바깥 두 단자(A, C)는 일정한 값(공칭 값)의 저항을 가진다. 전위차계의 회전 축(노브)을 시계 방향 또는 반시계 방향으로 돌리면 중앙의 단자(C)의 접점이 저항을 따라 이동한다. 따라서 2개의 바깥 단자에서 중앙 단자까지의 저항을 합치면 공칭 저항과 동일하다 ($R_{AB} = R_{AC} + R_{BC}$). 전위차계에는 노브 회전에 비례해서 저항이 일정하게 변하는 선형 방식과 로그 스케일로 변하는 비선형 방식이 있다.

전위차계의 3개 단자는 일반적으로 V_{AC} 및 V_{CB}에 전압 분배를 통한 전압 조정에 사용되기에 전위차계라 부른다. 1개의 바깥 단자와 중앙 단자만을 사용할 경우에는 저항 값을 변경할 수 있는 저항기로(R_{AC} 또는 R_{BC})만 작용해서 가변저항(Rheostat)이라 부른다. 가변저항은 부하에 직렬로 연결되어 부하에 흐르는 전류를 조정할 수 있다. 가변저항의 저항이 커지면 부하에 흐르는 전류는 작아진다.

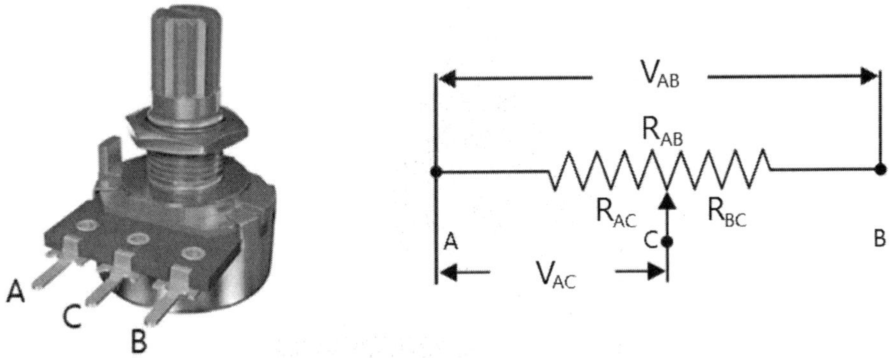

(a) 외형 (b) 내부

그림 1 전위차계

실험

1) 부품 및 계측기

- 직류 전원공급기
- 저항 1 kΩ, 가변저항 10 kΩ
- 디지털멀티미터(DMM)

2) 실험 순서

① 가변저항의 노브를 반시계 방향으로 완전히 돌린 후에 DMM으로 저항 R_{AC}와 R_{BC}를 측정하고 표 1에 기록한다. 두 저항을 더한 값도 기록한다.

② 가변저항의 노브를 시계 방향으로 0%, 25 %, 50 %, 75 %, 100 % 회전시키면서 다음과 같이 DMM으로 저항 R_{AC}와 R_{BC}를 각각 측정하고 표 1에 기록한다. 두 저항을 더한 값도 기록한다.

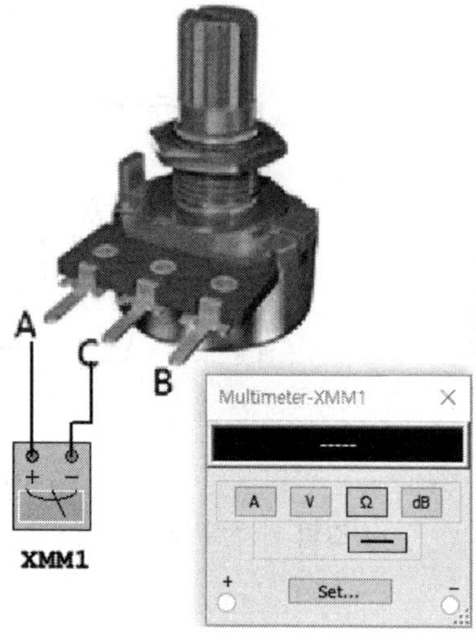

그림 2 실험회로(XMM1: DMM)

③ 표 1의 데이터를 사용해서 가변저항의 노브 위치에 대한 저항 R_{AC}와 R_{BC}의 그래프를 표 2에 그린다.

④ 다음과 같이 회로(가변저항 10 kΩ, E = 5 V)를 구성한다.

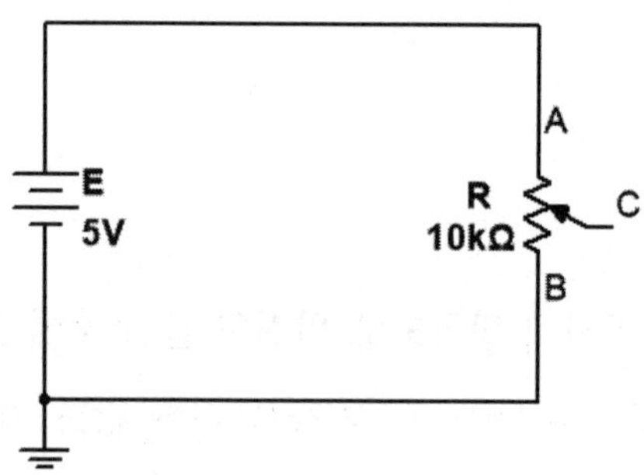

그림 3 실험회로

⑤ 표 3의 가변저항 노브 위치에 대해 다음 회로와 같이 전압 v_{CB}를 측정해서 기록한다.

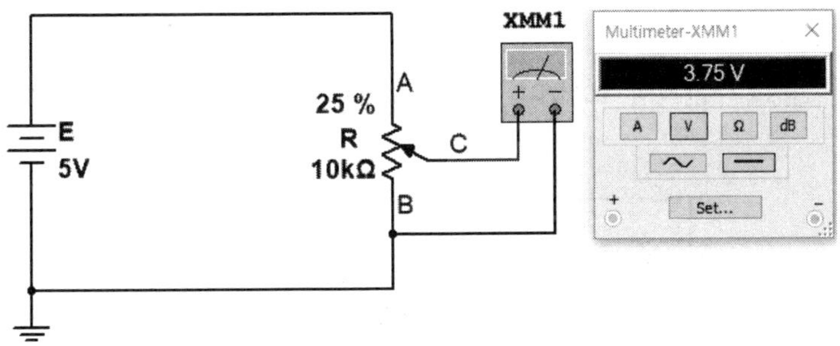

그림 4 실험회로(XMM1: DMM)

⑥ 부하 저항 R_L(1 kΩ)을 다음 회로와 같이 연결한다.

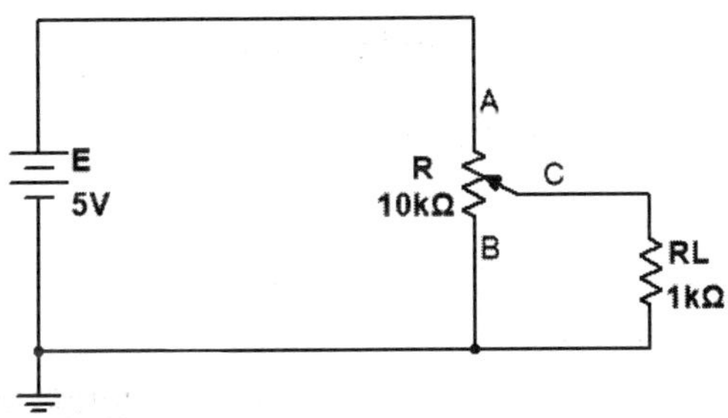

그림 5 실험회로

⑦ 표 3의 가변저항 노브 위치에 대해 다음 회로와 같이 전압 v_{CB}를 측정해서 기록한다.

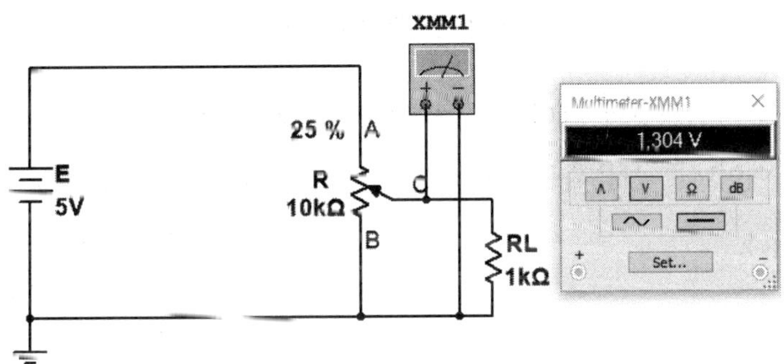

그림 6 실험회로(XMM1: DMM)

⑧ 표 3의 데이터를 사용해서 가변저항의 노브 위치에 대한 전압 v_{CB}의 그래프를 표 4

에 그린다.

⑨ 다음의 회로(가변저항 10 kΩ, R_L = 1 kΩ, E = 9 V)를 구성한다.

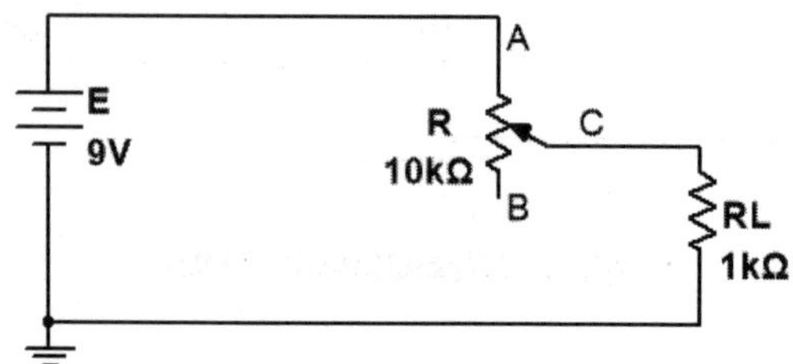

그림 7 실험회로

⑩ 가변저항의 노브를 완전 반시계 방향으로 돌리고 다음 회로와 같이 부하 R_L에 흐르는 전류 i_{R_L}을 측정해서 표 5에 기록한다.

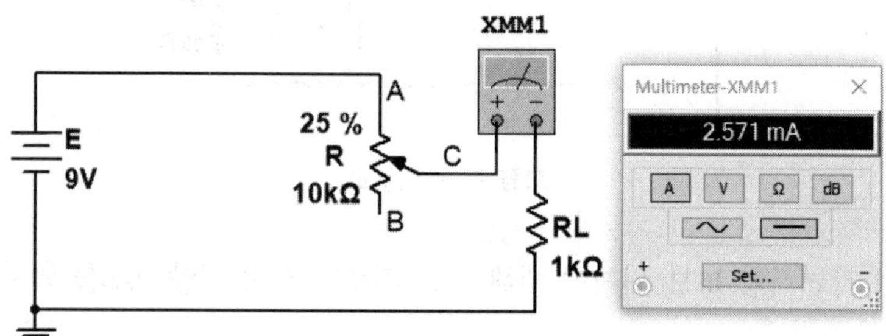

그림 8 실험회로(XMM1: DMM)

⑪ 표 5에서 가변저항의 나머지 노브 위치에 대해 단계⑩를 반복한다.

⑫ 표 5의 데이터를 사용해서 가변저항의 노브 위치에 대한 전류 i_{R_L}의 그래프를 표 6에 그린다.

3) 실험 결과

[표 1]

노브 회전	R_{AC}	R_{BC}	$R_{AC} + R_{BC}$
0 %(완전 반시계)			
25 % 회전			
50 % 회전			
75 % 회전			
100 %(완전 시계)			

[표 2]

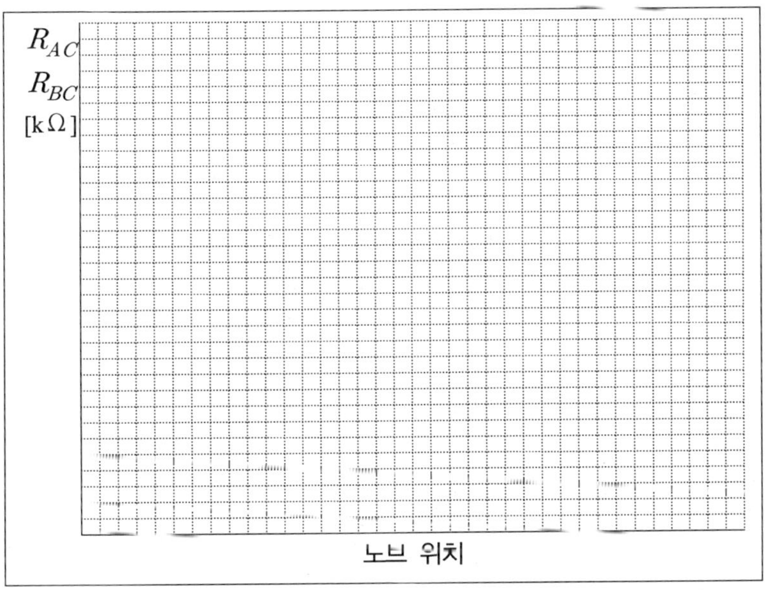

[표 3]

노브 회전	v_{CB}	
	R_L 사용 안함	R_L 사용
0 %(완전 반시계)		
25 % 회전		
50 % 회전		
75 % 회전		
100 %(완전 시계)		

[표 4]

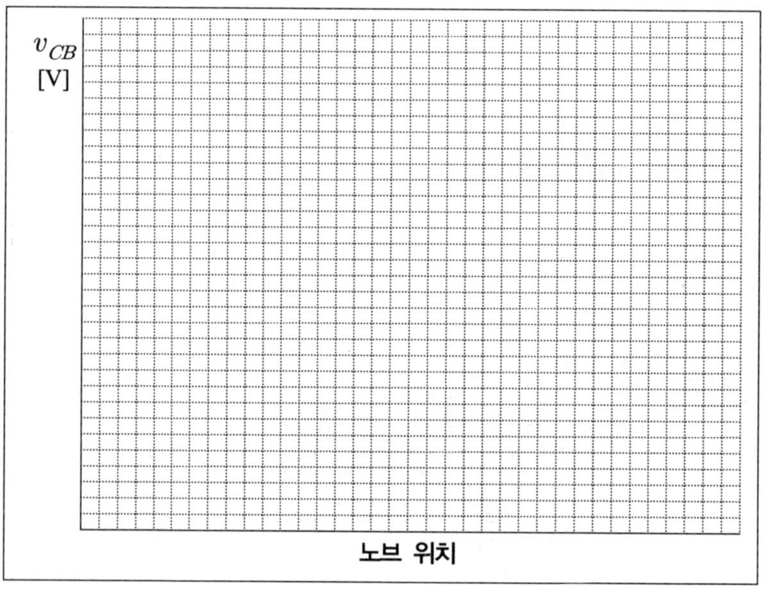

[표 5]

노브 회전	i_{R_L}
0 %(완전 반시계)	
25 % 회전	
50 % 회전	
75 % 회전	
100 %(완전 시계)	

[표 6]

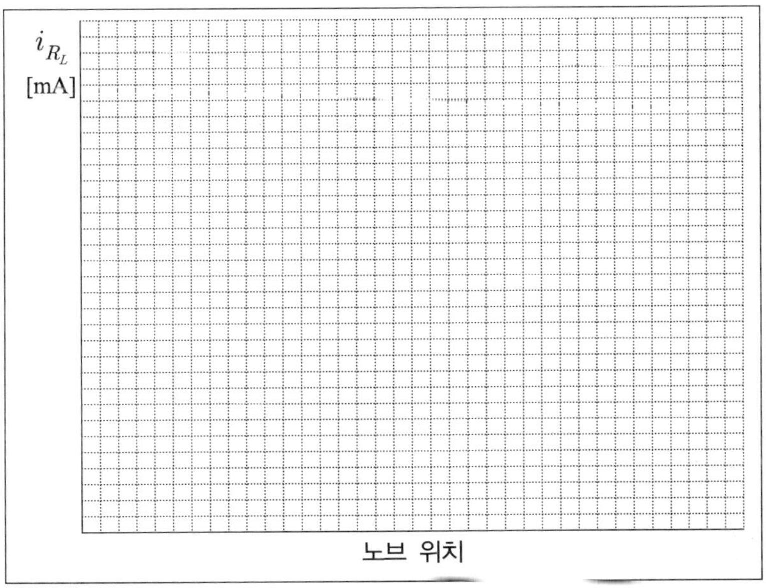

4) 검토

- 총 가변저항의 값과 공칭 저항 값의 비교
- 표 2에서 가변저항의 노브 위치와 저항과의 관계
- 표 4에서 가변저항의 노브 위치와 전압과의 관계
- 표 6에서 가변저항의 노브 위치와 부하 전류와의 관계
- MultisimLive 시뮬레이션(www.multisim.com)

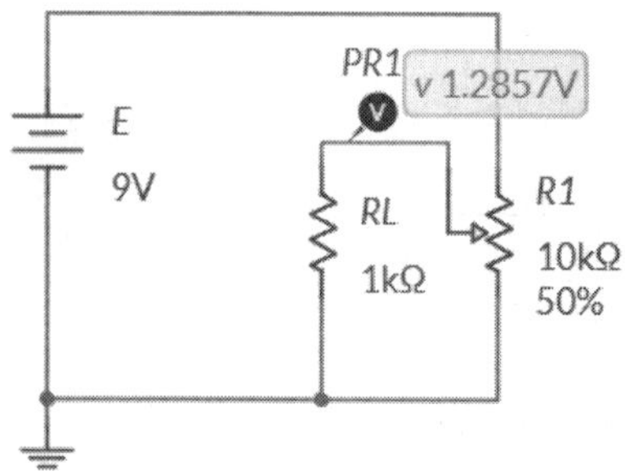

그림 9 전압 측정 Schematic 화면

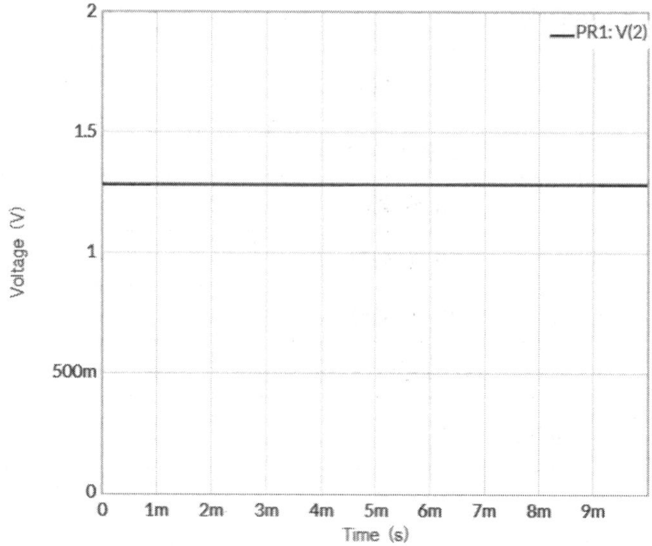

그림 10 전압 측정 Grapher 화면

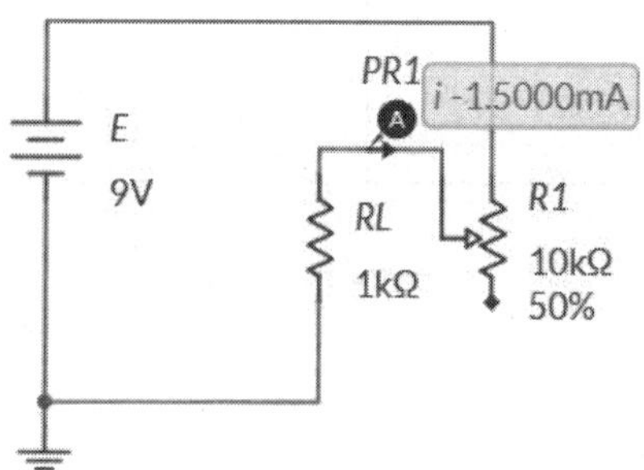

그림 11 전류 측정 Schematic 화면

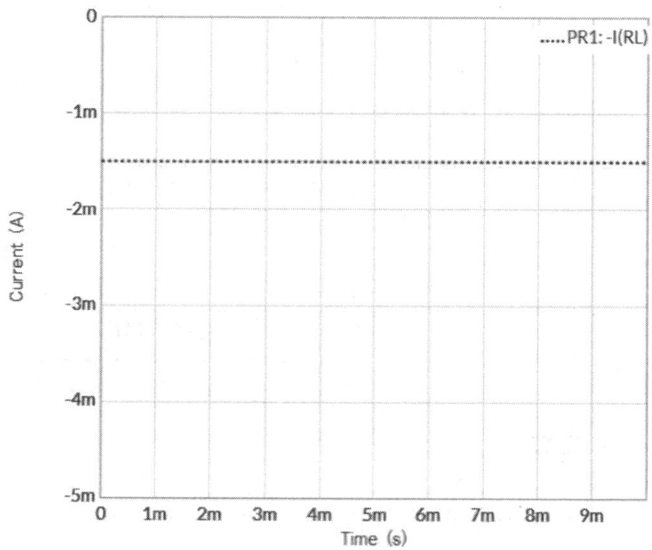

그림 12 전류 측정 방향과 전류 흐름이 반대로 음으로 표시 전류 측정 Grapher 화면

09

중첩의 원리

실험 목적

• 전압과 전류 측정을 통해 직류 회로에서 중첩의 원리를 적용하고 이를 확인한다.

이론

선형회로에서 하나 이상의 독립 전류원이 있을 때, 전체 회로의 동작은 모든 독립전원이 하나씩 동작할 때의 결과를 합친 것과 동일하다. 중첩의 원리를 적용할 때, 하나의 독립 전원을 제외한 나머지 독립 전원은 차단한다. 독립 전원이 전압원이면 회로를 단락시켜 전원을 차단하고, 독립 전원이 전류원이면 회로를 개방시켜 전원을 차단한다. 그림 1의 회로에서 독립 전압원을 하나씩 단락시키고 저항에 걸리는 전압(그림 1.b)과 전류(그림 1.c)를 구한 후 이를 합한다((그림 1.d, 그림 1.e).

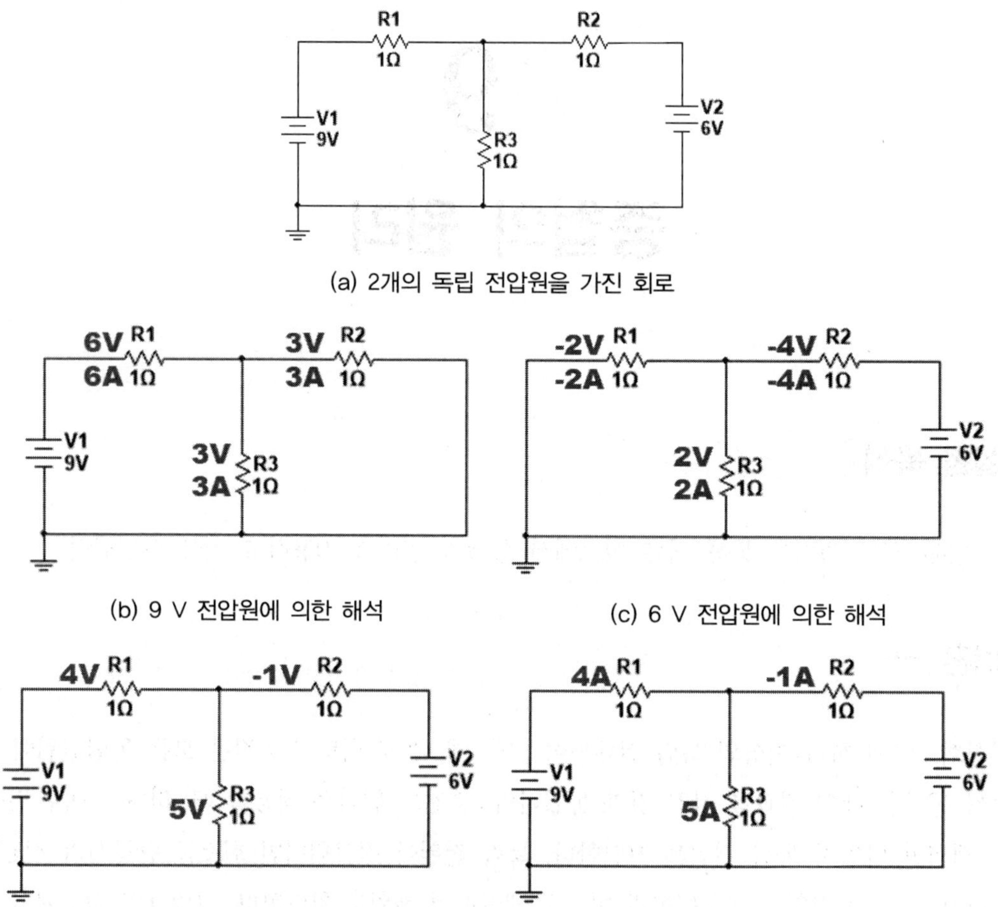

(a) 2개의 독립 전압원을 가진 회로

(b) 9 V 전압원에 의한 해석

(c) 6 V 전압원에 의한 해석

(d) 저항에 걸리는 전압

(e) 저항에 흐르는 전류

그림 1 중첩의 원리

실험

1) 부품 및 계측기

- 직류 전원공급기
- 저항(100 Ω, 300 Ω, 1 kΩ)
- 디지털멀티미터(DMM)

2) 실험 순서

① 다음의 회로(E_1 = 9 V, E_2 = 5 V, R_1 = 300 Ω, R_2 = 100 Ω, R_3 = 1 kΩ)를 구성한다.

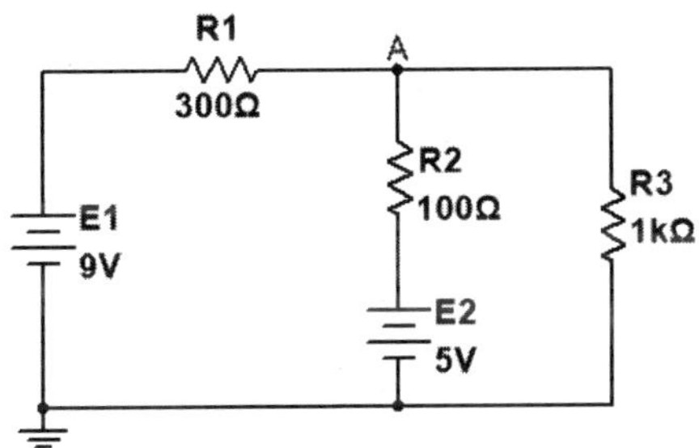

그림 2 실험회로

② v_A(노드 A에서 접지까지의 전압)를 알아내기 위해 중첩의 원리를 적용한다. 다음 회로와 같이 E_2를 단락시키고(E_2를 제거하고 전선을 연결) E_1에 의한 전압 v_A를 계산하고, DMM으로 측정한 값을 표 1의 이론값과 측정값에 기록한다. 오차를 계산, 기록한다.

$$v_A = E_1 \times \frac{R_2//R_3}{R_1 + R_2//R_3}, \quad R_2//R_3 = \frac{R_2 \times R_3}{R_2 + R_3}$$

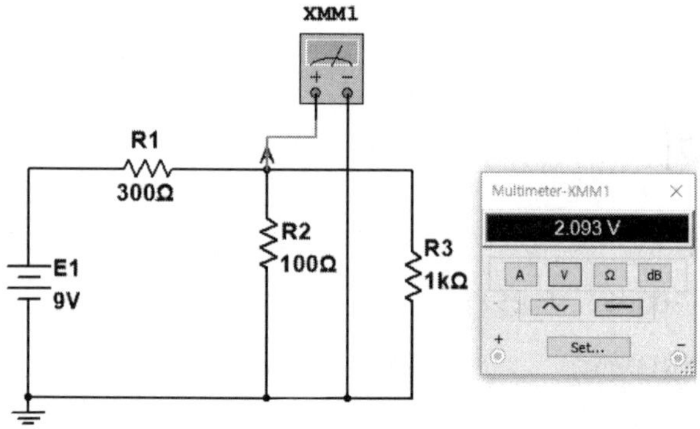

그림 3 실험회로(XMM1: DMM)

③ 다음 회로와 같이 E_1를 단락시키고(E_1을 제거하고 전선을 연결) E_2에 의한 전압 v_A를 계산하고, DMM으로 측정해서 표 1에 이론값과 측정값을 기록한다. 오차를 계산, 기록한다.

$$v_A = E_2 \times \frac{R_1//R_3}{R_2 + R_1//R_3},\ \ R_1//R_3 = \frac{R_1 \times R_3}{R_1 + R_3}$$

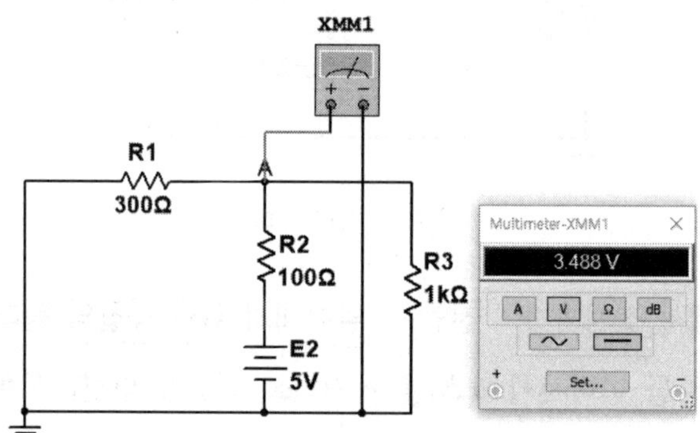

그림 4 실험회로(XMM1: DMM)

④ 위 단계에서 구한 전압(이론값)의 합을 표 1에 기록한다.

⑤ 다음 회로와 같인 E_1과 E_2를 모두 연결하고 DMM으로 전압 v_A를 측정해서 표 1의 측정값에 기록하고 오차를 계산한다.

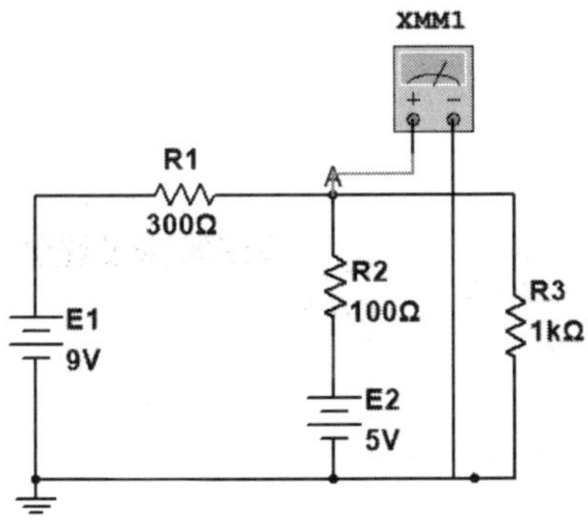

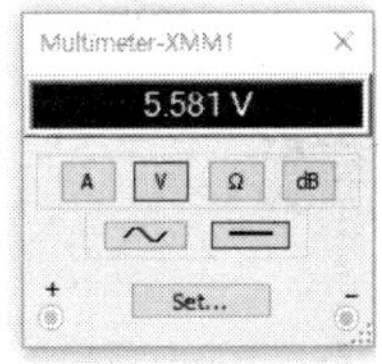

그림 5 실험회로(XMM1: DMM)

⑥ 다음 회로에서 R_3에 흐르는 전류 i_{R_3}를 알아내기 위해 중첩의 원리를 적용한다.

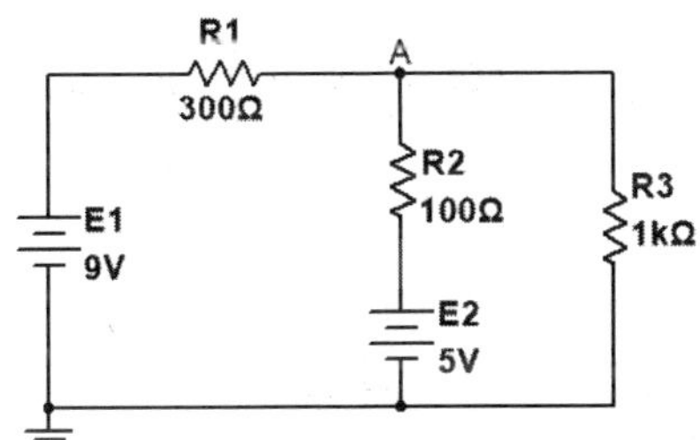

그림 6 실험회로

⑦ 다음 회로와 같이 E_2를 단락시키고(E_2를 제거하고 전선을 연결) E_1에 의한 전류 i_{R_3}를 계산하고, DMM으로 측정해서 표 2에 이론값과 측정값을 기록한다. 오차를 계산한다.

$$i_{R_3} = \frac{v_A}{R_3} \text{(표 1의 } E_1\text{에 의한 } v_A \text{ 값을 사용)}$$

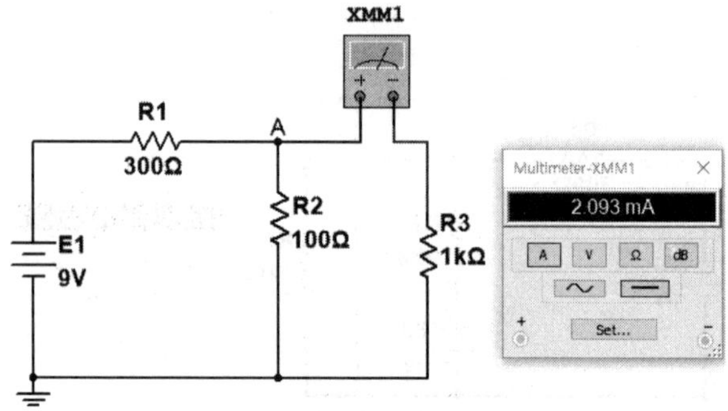

그림 7 실험회로(XMM1: DMM)

⑧ 다음 회로와 같이 E_1를 단락시키고(E_1을 제거하고 전선을 연결) E_2에 의한 전류 i_{R_3}를 계산하고, DMM으로 측정해서 표 2에 이론값과 측정값을 기록한다.

$$i_{R_3} = \frac{v_A}{R_3}\text{(표 1의 } E_2\text{에 의한 } v_A \text{ 값을 사용)}$$

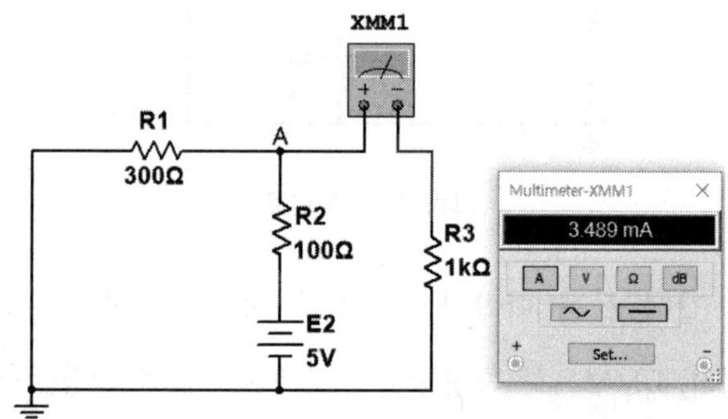

그림 8 실험회로(XMM1: DMM)

⑨ 위 단계에서 구한 전류(이론값)의 합을 표 2에 기록한다.

⑩ 다음 회로와 같이 E_1과 E_2를 모두 연결하고 DMM으로 전류 i_{R_3}를 측정해서 표 2에 기록한다.

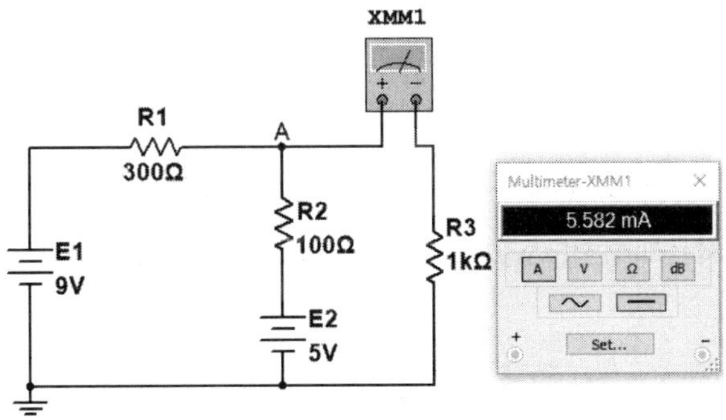

그림 9 실험회로(XMM1: DMM)

3) 실험 결과

[표 1]

전원	v_A [V]		
	이론값	측정값	오차 $= \frac{\text{측정값} - \text{이론값}}{\text{이론값}} \times 100(\%)$
E_1			
E_2			
$E_1 + E_2$			

[표 2]

전원	i_{R_3} [mA]		
	이론값	측정값	오차 $= \frac{\text{측정값} - \text{이론값}}{\text{이론값}} \times 100(\%)$
E_1			
E_2			
$E_1 + E_2$			

4) 검토

- 직류 회로에서 중첩의 원리를 적용해 전압과 전류를 구한 결과
- 복수의 전원을 갖는 회로에서 전압과 전류의 크기와 함께 극성에도 유의
- MultisimLive 시뮬레이션(www.multisim.com)

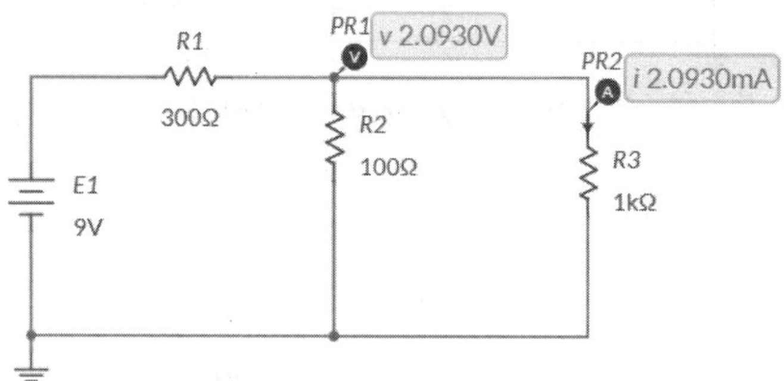

그림 10 E1에 의한 전압 측정 Schematic 화면

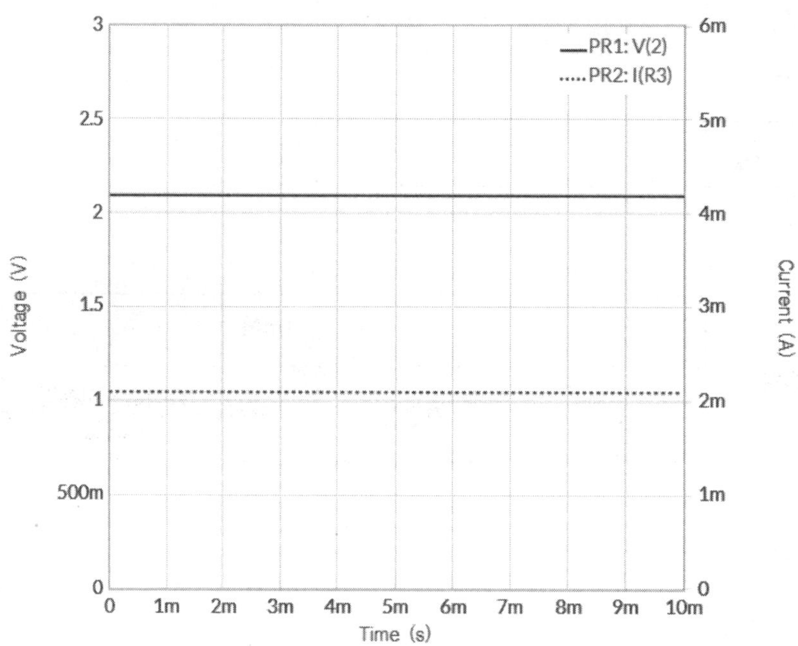

그림 11 E1에 의한 전압 측정 Grapher 화면

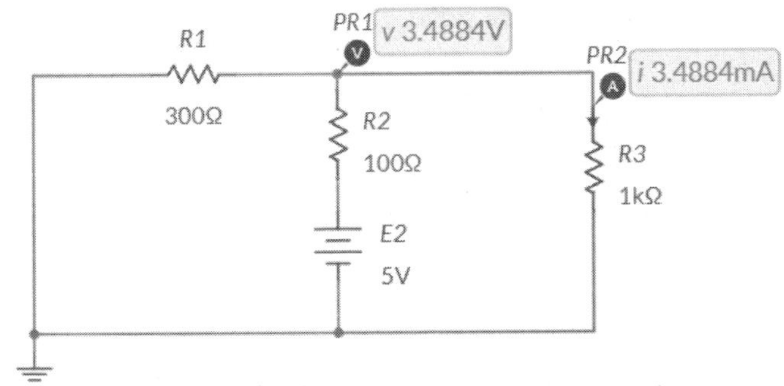

그림 12 E2에 의한 전압 측정 Schematic 화면

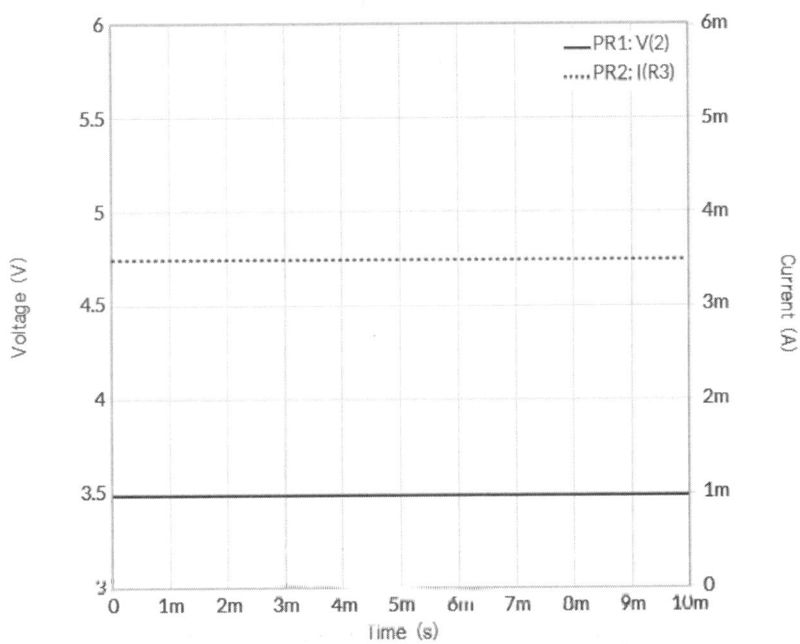

그림 13 E2에 의한 전압 측정 Grapher 화면

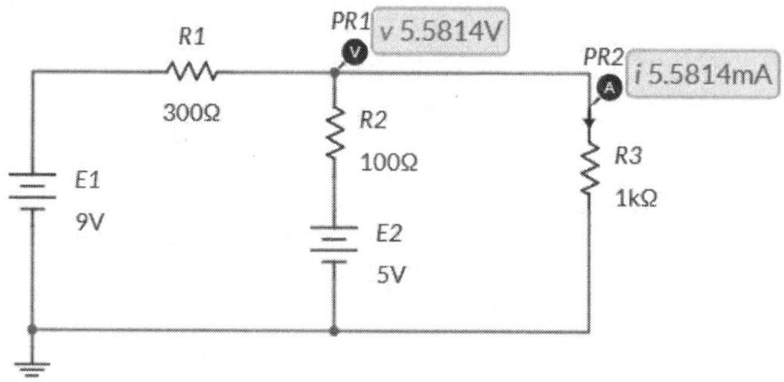

그림 14 E1+E2에 의한 전압 측정 Grapher 화면

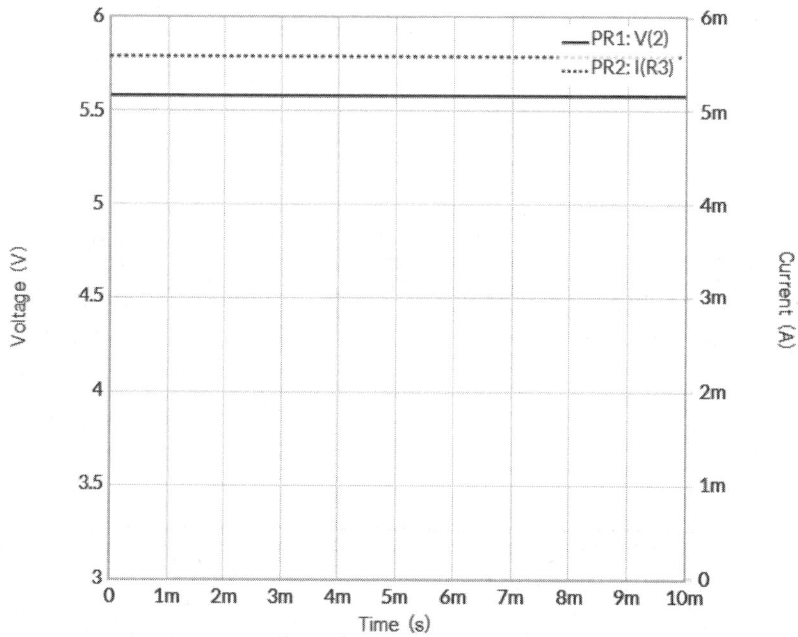

그림 15 E1+E2에 의한 전압 측정 Grapher 화면

10

테브난 정리

실험 목적

- 회로해석이 쉽도록 보다 단순한 직류회로를 만들기 위해 테브난의 정리(Thevenin's theorem)를 사용한다. 테브난 전압과 저항을 실험적으로 구하는 방법도 알아본다.

이론

선형 전기회로에서 테브난의 정리(Thevenin's theorem)에 의하면 두개의 단자를 지닌 전압원, 전류원, 저항의 어떠한 조합의 회로도 하나의 전압원과 하나의 직렬저항으로 이루어진 전기적 등가 회로로 변환될 수 있다. 테브난 등가회로는 원래 회로와 동일한 부하 전류와 전압을 발생시킨다. 테브난 전압은 개방회로 출력전압에 의해 결정된다. 그림 1.a에서 부하저항을 제거한 개방회로 단자(그림 1.b)에서의 출력전압은 저항 R_2에 걸리는 전압이다. 따라서 테브난 전압(V_{TH})는 다음과 같이 계산된다

$$V_{TH} = V \times \frac{R_2}{R_1 + R_2}$$

테브난 저항은 직류 소스를 단락시키고 표준 직·병렬 해석을 통해 두 단자에서 본 결합저항을 계산해서 얻는다. 그림 1.b의 회로에서 부하저항에서 본 테브난 저항(R_{TH})은 다음과 같이 계산된다.

$$R_{TH} = R_3 + \frac{R_1 \times R_2}{R_1 + R_2}$$

테브난 등가회로는 그림 1.c와 같다.

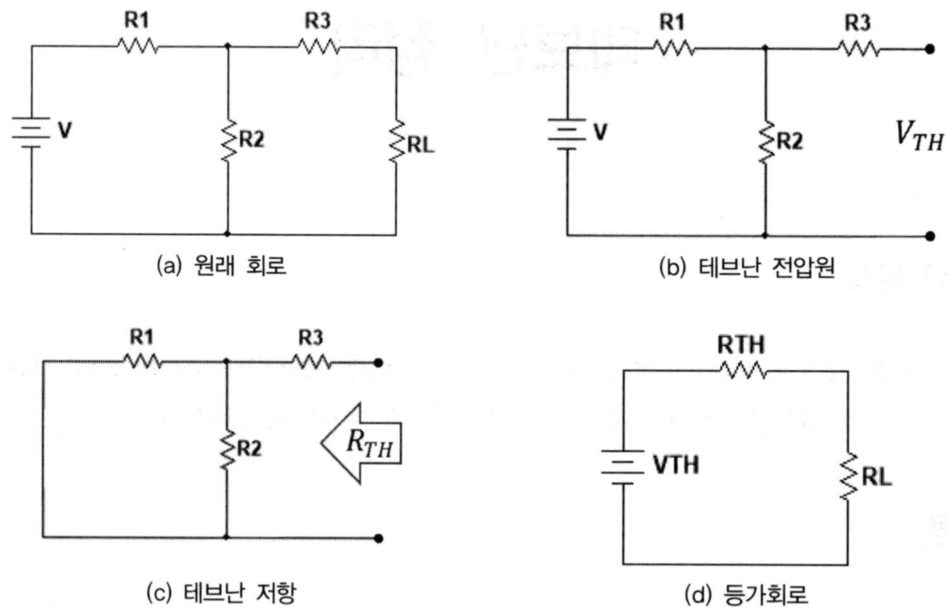

(a) 원래 회로 (b) 테브난 전압원 (c) 테브난 저항 (d) 등가회로

그림 1 테브난 등가회로

교류 시스템에서 테브난의 정리는 저항이 아닌 임피던스로 적용된다.

실험

1) 부품 및 계측기

- 직류 전원공급기
- 저항(200 Ω 2개, 1 kΩ 2개)
- 디지털멀티미터(DMM)

2) 실험 순서

① 다음의 회로(E = 9 V, R_1 = 300 Ω, R_2 = 300 Ω, R_3 = 1 kΩ, R_L = 1 kΩ)를 구성한다.

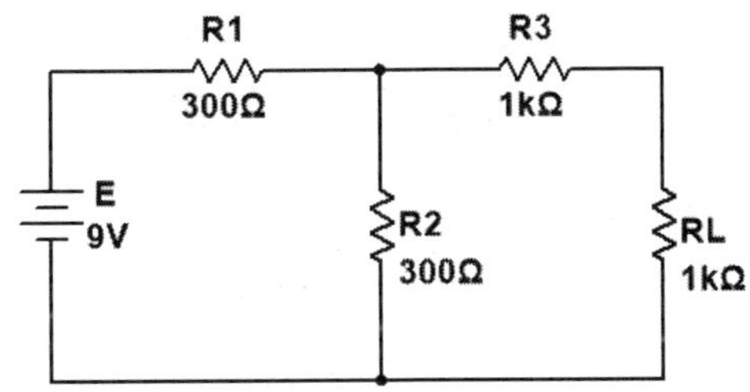

그림 2 실험회로

② 부하저항(R_L)에 걸리는 전압(v_{R_L})을 계산해서 표 1에 기록한다.

$$R = \frac{R_2(R_3 + R_L)}{R_2 + (R_3 + R_L)},\ v_{R_2} = E \times \frac{R}{R_1 + R},\ v_{R_L} = v_{R_2} \times \frac{R_L}{R_3 + R_L}$$

③ 다음 회로와 같이 DMM으로 부하저항(R_L)에 걸리는 전압(v_{R_L})을 측정해서 표 1에 기록하고 오차를 계산한다.

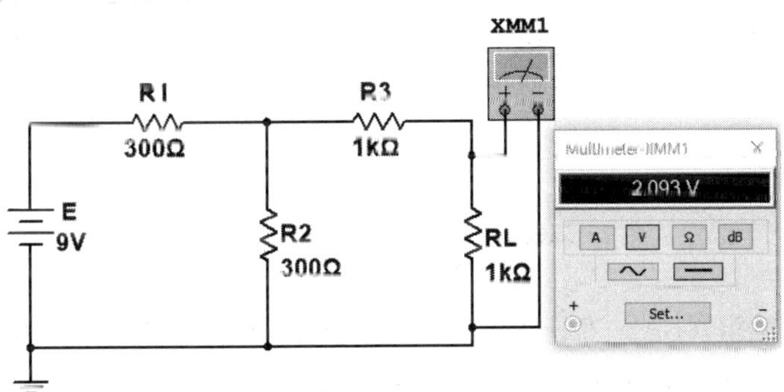

그림 3 실험회로(XMM1: DMM)

④ 다음 회로와 같이 부하저항(R_L)에서 본(출력전압 v_{R_L}을 개방하고 이 두 단자에서 본) 테브난 전압(v_{TH})을 계산해서 표 2에 기록한다.

$$v_{TH} = E \times \frac{R_2}{R_1 + R_2}$$

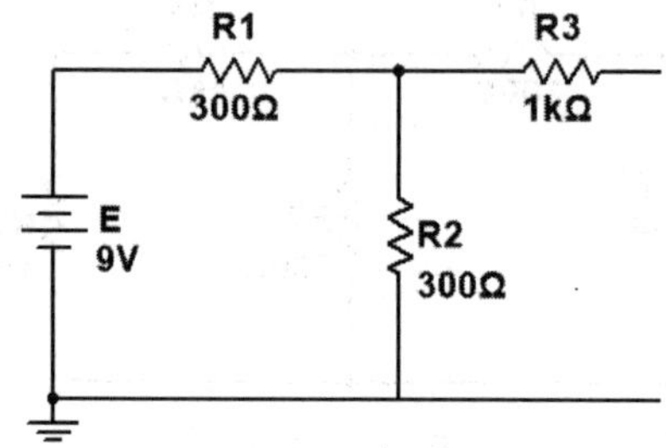

그림 4 실험회로

⑤ 실험에 의해 테브난 전압을 구하려면 부하저항(R_L)을 제거한 개방회로 단자의 출력전압을 측정한다. 다음 회로와 같이 부하를 제거하고 그 자리에서 DMM으로 전압을 측정해 표 2에 기록한다.

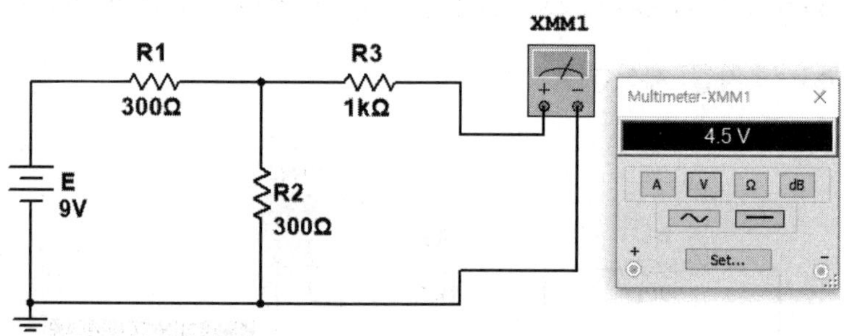

그림 5 실험회로(XMM1: DMM)

⑥ 테브난 저항(R_{TH})을 계산하기 위해 다음 회로와 같이 부하저항(R_L)을 제거한 후 개방하고, 전압원을 제거한 후 단락시킨다. 부하(개방회로 단자)에서 본 직·병렬 저항의 결합 저항값을 계산해서 표 2에 기록한다.

$$R_{TH} = R_3 + \frac{R_1 \times R_2}{R_1 + R_2}$$

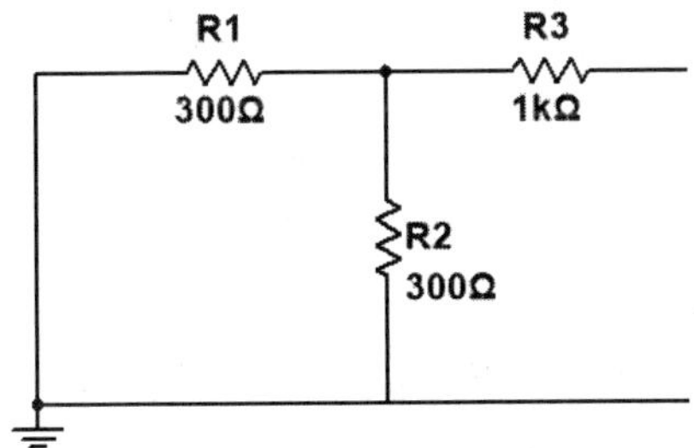

그림 6 실험회로

⑦ 실험에 의해 테브난 저항을 구하려면 다음 회로와 같이 전원를 제거한 후 단락시키고, 부하저항(R_L)을 제거하고 그 자리에서 DMM으로 저항값을 측정한 후 표 2에 기록한다.

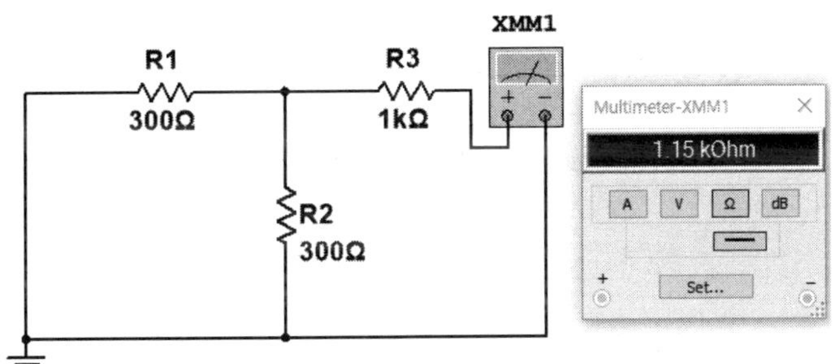

그림 7 실험회로(XMM1: DMM)

⑧ 표 2의 R_{TH}와 v_{TH}의 이론값을 사용해 다음과 같은 테브난 등가회로를 고려한다. 부하전압(v_{R_L})을 계산해서 표 3에 기록한다.

$$v_{R_L} = v_{TH} \times \frac{R_L}{R_{TH} + R_L}$$

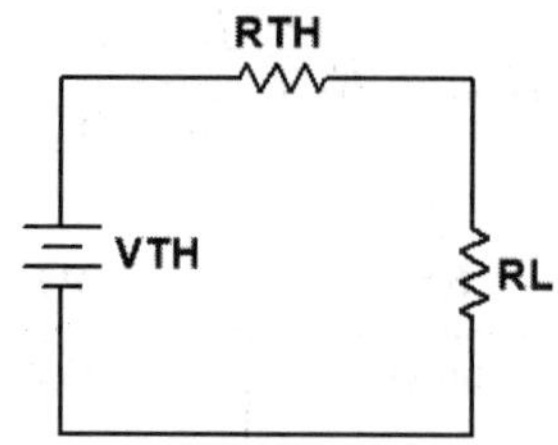

그림 8 실험회로

⑨ 표 2에서 측정한 테브난 전압(v_{TH})과 저항(R_{TH})을 사용해 다음과 같이 부하전압(v_{R_L})을 측정해서 표 3에 기록하고 오차를 계산한다.

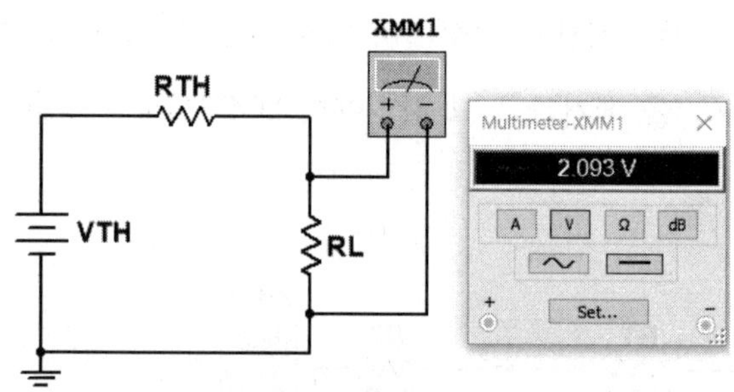

그림 9 실험회로(XMM1: DMM)

3) 실험 결과

[표 1]

R_L [Ω]	v_{R_L}		
	이론값	측정값	오차
			$오차 = \frac{측정값 - 이론값}{이론값} \times 100(\%)$

[표 2]

테브난 등가회로	이론값	측정값
v_{TH}		
R_{TH}		

[표 3]

R_L [Ω]	v_{R_L}		
	이론값	측정값	오차
			$\text{오차} = \frac{\text{측정값} - \text{이론값}}{\text{이론값}} \times 100(\%)$

4) 검토

- 원래 회로에서의 부하 전압과 테브난 등가회로에서의 부하 전압을 비교
- MultisimLive 시뮬레이션(www.multisim.com)

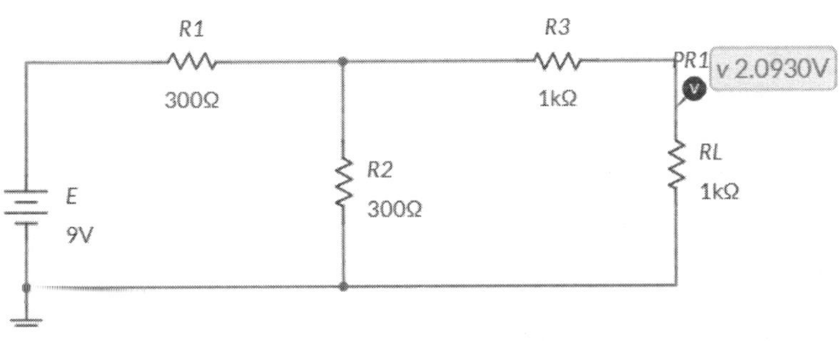

그림 10 전압 측정 Schematic 화면

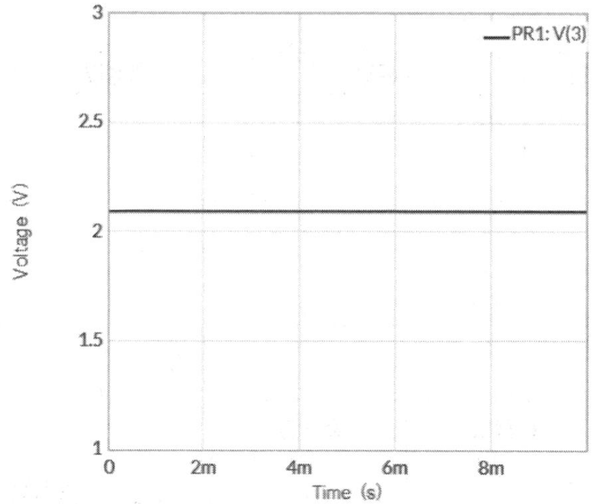

그림 11 전압 측정 Grapher 화면

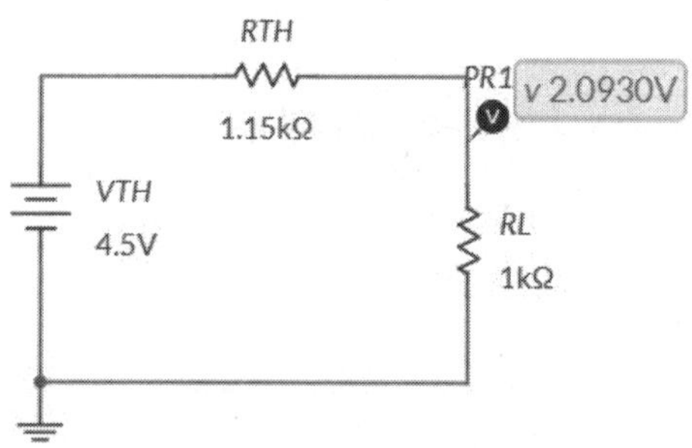

그림 12 테브난 등가회로 Schematic 화면

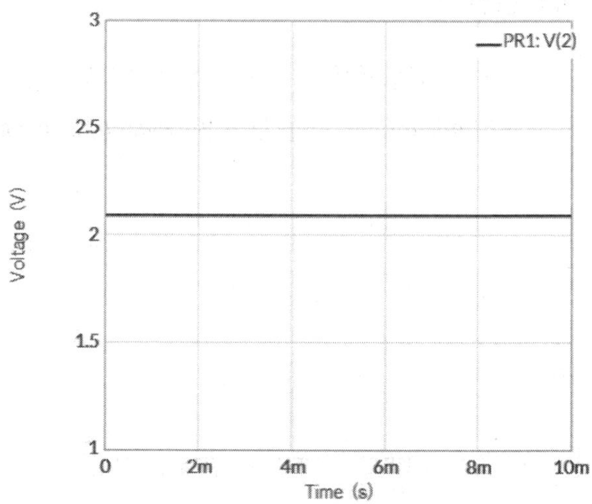

그림 13 테브난 등가회로 전압 측정 Grapher 화면

11

노튼 정리

실험 목적

- 회로해석이 쉽도록 보다 단순한 직류회로를 만들기 위해 노튼의 정리(Norton's theorem)를 사용한다. 노튼 전류원과 저항을 실험적으로 구하는 방법도 알아본다.

이론

전기회로에서 노튼의 정리(Norton's theorem)에 의하면 두개의 단자를 지닌 전압원, 전류원, 저항의 어떠한 조합도 이상적인 전류원과 하나의 병렬저항으로 이루어진 전기적 등가 회로로 변환될 수 있다. 노튼의 정리는 테브난의 정리를 확장한 것이다. 그림 1.a에 회로에서 부하(R_L)에 노튼 정리를 적용하면 전류원(I_N)과 결합저항(R_N)이 병렬로 연결된 등가회로로 변환된다. 그림 1.b와 같이 부하를 단락시키고, 저항(R_1)에 흐르는 전류(i_1)를 구한 후, 전류 분배를 적용해서 전류원(I_N)을 구한다.

$$i_1 = \frac{V}{R_1 + \dfrac{R_2 \times R_3}{R_2 + R_3}}$$

$$I_N = i_1 \times \frac{R_2}{R_2 + R_3}$$

노튼 저항(R_N)은 부하를 개방하고 전원을 제거한 후 단락시키고 직·병렬 합성 저항을 다음과 같이 구한다(그림 1.c).

$$R_N = R_3 + \frac{R_1 \times R_2}{R_1 + R_2}$$

그림 1.a의 회로는 노튼 전류원과 노튼 저항을 병렬로 연결한 그림 1.d의 등가회로로 변환된다. 등가회로에서 부하에 흐르는 전류(i_L)은 전류 분배를 적용, 다음과 같이 계산된다.

$$i_L = I_N \times \frac{R_N}{R_N + R_L}$$

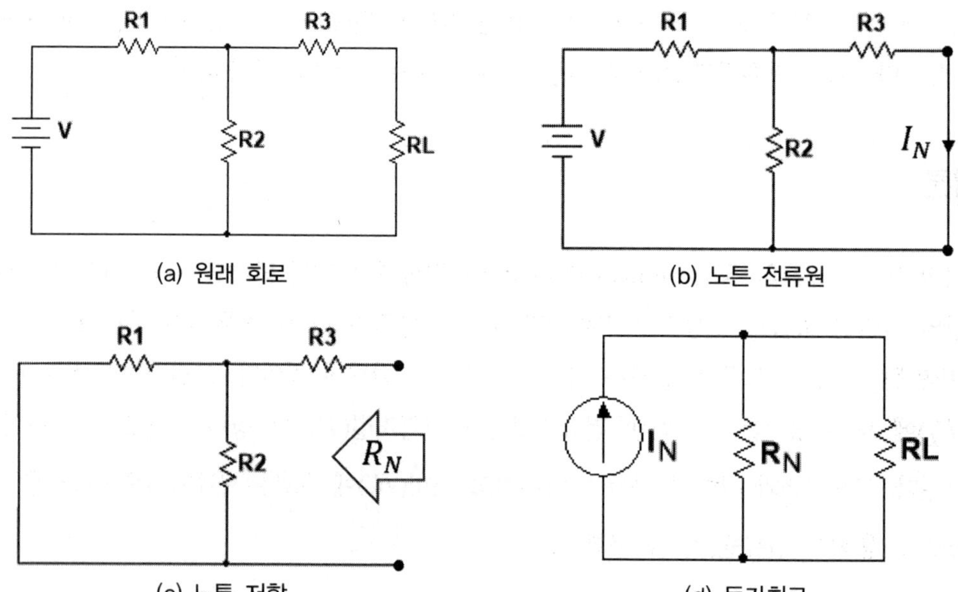

(a) 원래 회로 (b) 노튼 전류원 (c) 노튼 저항 (d) 등가회로

그림 1 노튼의 정리

교류 시스템에서 노튼의 정리는 저항이 아닌 임피던스로 적용된다.

실험

1) 부품 및 계측기

- 직류 전원공급기
- 저항(330 Ω 2개, 1 kΩ 2개)
- 디지털멀티미터(DMM)

2) 실험 순서

① 다음의 회로(E = 9 V, R_1 = 300 Ω, R_2 = 330 Ω, R_3 = 1 kΩ, R_L = 1 kΩ)를 구성한다.

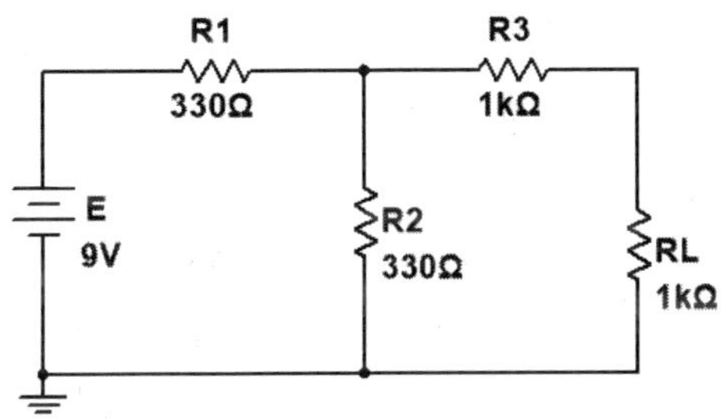

그림 2 실험회로

② 부하저항(R_L)에 흐르는 전류(i_L)를 계산해서 표 1에 기록한다.

$$v_{R_2} = E \times \frac{R}{R_1 + R},\ R = \frac{R_2 \times (R_3 + R_L)}{R_2 + (R_3 + R_L)},\ v_{R_L} = v_{R_2} \times \frac{R_L}{R_3 + R_L}$$

③ 다음 회로와 같이 DMM으로 부하저항(R_L)에 흐르는 전류(i_L)를 측정해서 표 1에 기록하고 오차를 계산한다.

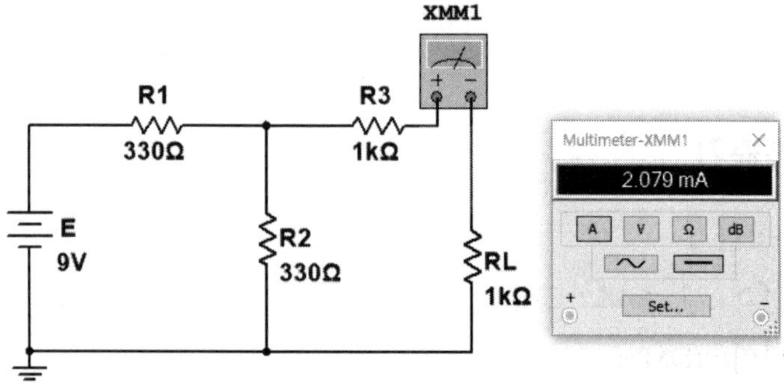

그림 3 실험회로(XMM1: DMM)

④ 다음 회로와 같이 부하저항(R_L)을 제거한 후 단락시키고, 노튼 전류원(i_N)을 계산해서 표 2에 기록한다.

$$i_{R_1} = \frac{E}{R_1 + \frac{R_2 \times R_3}{R_2 + R_3}}, \ i_N = i_{R_1} \times \frac{R_2}{R_2 + R_3}$$

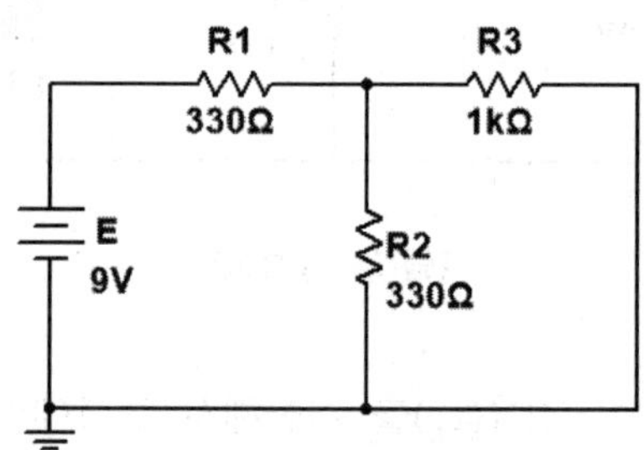

그림 4 실험회로

⑤ 노튼 전류원을 측정하기 위해 다음 회로와 같이 부하저항(R_L)을 DMM의 전류계로 대체해서 전류(i_N)를 측정한다.

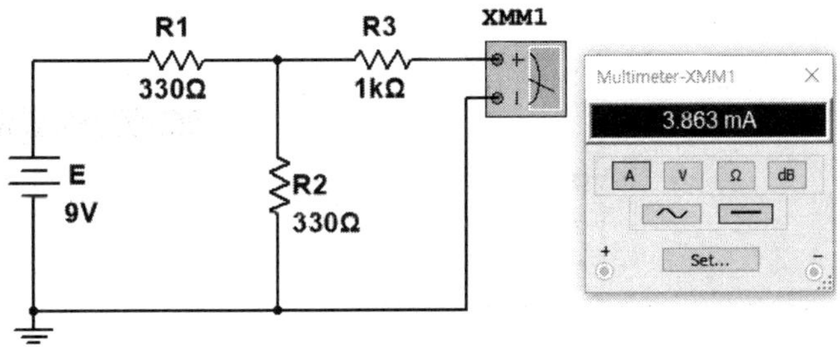

그림 5 실험회로(XMM1: DMM)

⑥ 노튼 저항을 계산하기 위해 다음 회로와 같이 부하저항(R_L)을 제거한 후 개방하고, 소스 전원을 제거한 후 단락시킨다. 부하(개방회로 단자)에서 본 직·병렬 저항의 결합 저항값을 계산해서 표 2에 기록한다.

$$R_N = R_3 + \frac{R_1 \times R_2}{R_1 + R_2}$$

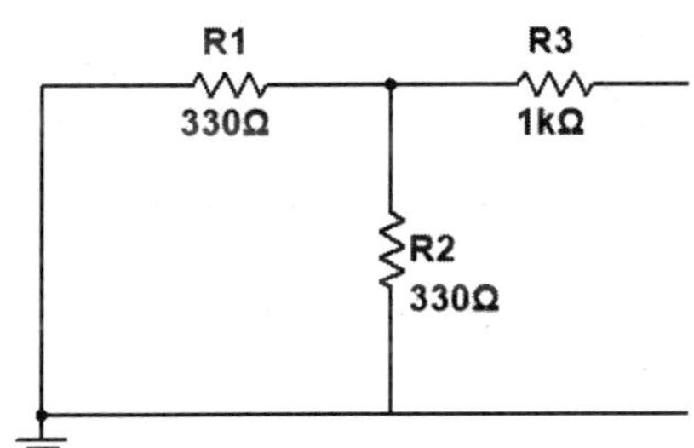

그림 6 실험회로

⑦ 실험에 의해 노튼 저항을 구하려면 다음 회로와 같이 전원을 제거한 후 단락시키고, 부하저항(R_4)을 DMM의 저항계로 대체해서 저항값을 측정한다. 측정값을 표 2에 기록한다.

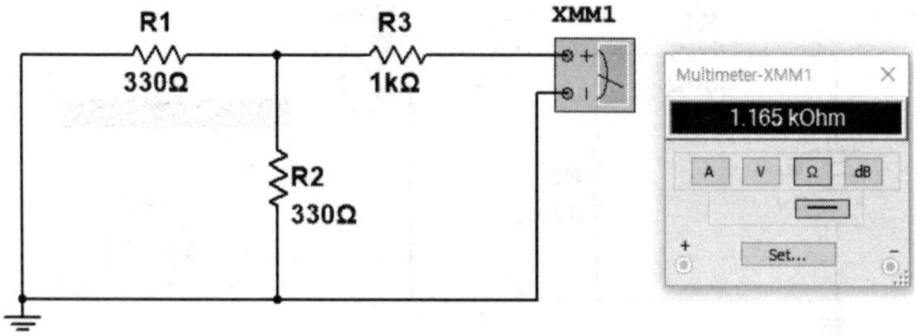

그림 7 실험회로(XMM1: DMM)

⑧ 표 2의 이론값을 사용해 다음과 같은 노튼 등가회로를 고려한다. 부하전류(i_L)를 계산해서 표 3에 기록한다.

$$i_L = i_N \times \frac{R_N}{R_N + R_L}$$

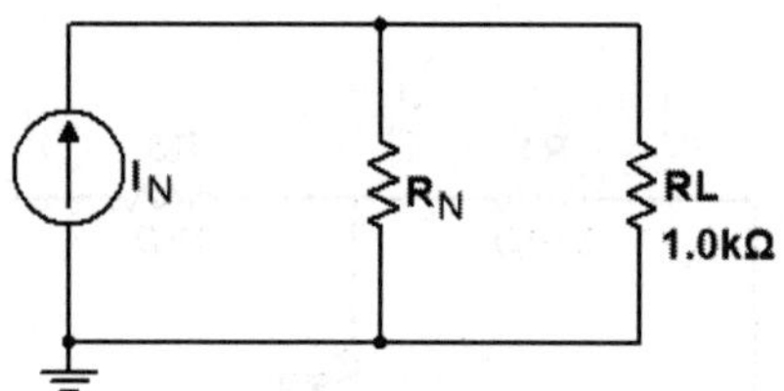

그림 8 실험회로

⑨ 표 2에서 측정한 노튼 전류(i_N)과 저항(R_N)을 사용해 다음과 같은 회로를 구성한다. 부하전류(i_L)를 측정해서 표 3에 기록하고 오차를 계산한다.

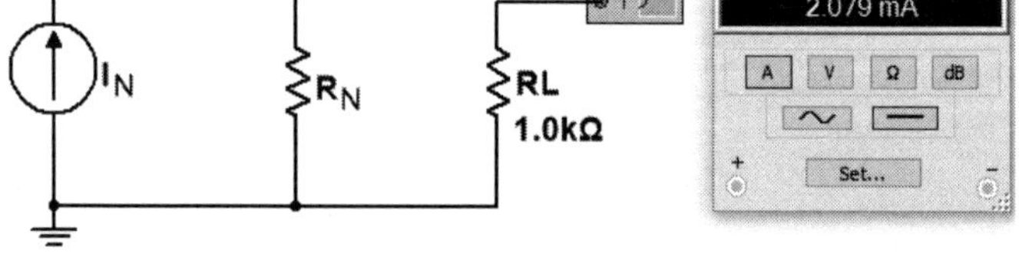

그림 8 실험회로(XMM1: DMM)

3) 실험 결과

[표 1]

$R_L\ [\Omega]$	i_L		
	이론값	측정값	오차 $= \frac{\text{측정값} - \text{이론값}}{\text{이론값}} \times 100(\%)$

[표 2]

노튼 등가회로	이론값	측정값
i_N		
R_N		

[표 3]

$R_L\ [\Omega]$	i_L		
	이론값	측정값	오차 $= \frac{\text{측정값} - \text{이론값}}{\text{이론값}} \times 100(\%)$

4) 검토

- 원래 회로에서의 부하 전류와 노튼 등가회로에서의 부하전류를 비교
- MultisimLive 시뮬레이션(www.multisim.com)

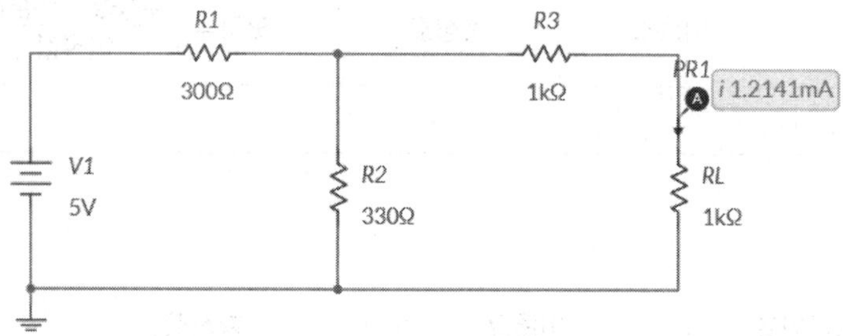

그림 9 실험 회로 Schematic 화면

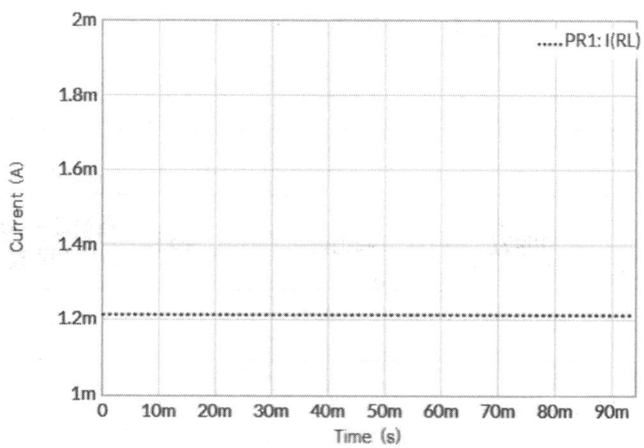

그림 10 실험 회로 Grapher 화면

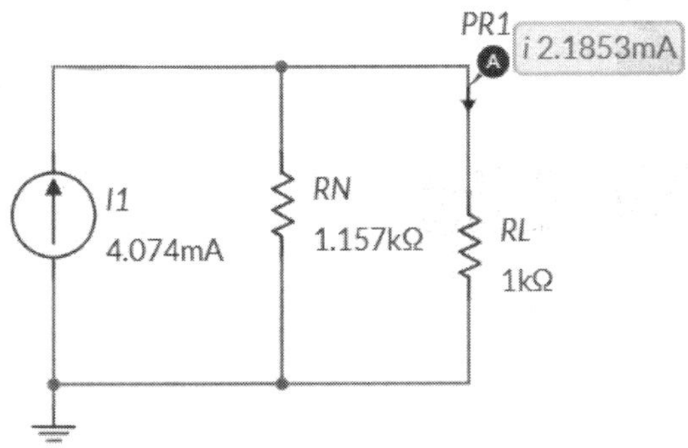

그림 11 노튼 등가회로 Schematic 화면

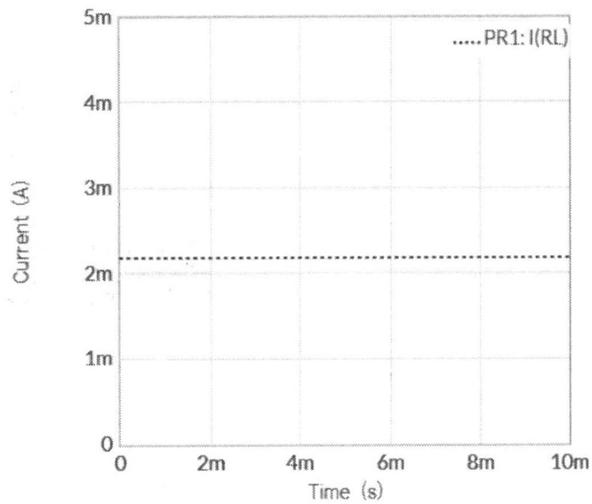

그림 12 노튼 등가회로 Grapher 화면

12

최대 전력 전달

실험 목적

• 부하에 최대 전력을 전달하기 위한 조건과 시스템 효율에 대해 알아본다.

이론

그림 1은 전원을 공급하는 전압원(V)과 전압원의 내부저항(R_i)이 부하(R_L)에 직렬로 연결된 회로이다. 이상적인 전압원은 내부저항이 0이지만 실제는 내부저항을 고려해야 한다.

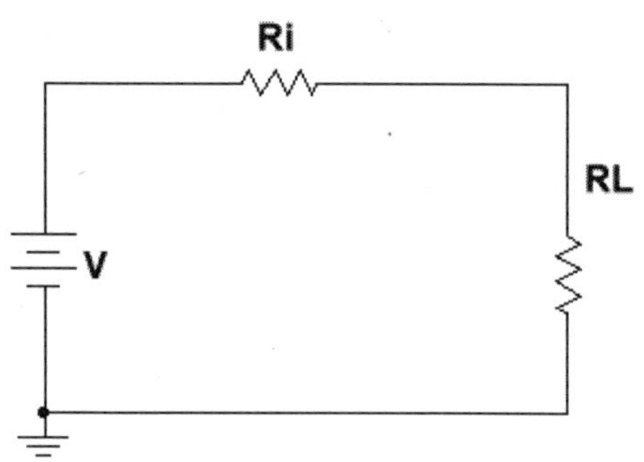

그림 1 회로

부하에 전달되는 전력(P_L)은 다음과 같다.

$$P_L = i^2 R_L$$

옴의 법칙에 따라 내부저항과 부하가 직렬로 연결되어 있으므로 회로에 흐르는 전류(i)는 다음과 같다.

$$i = \frac{V}{R_i + R_L}$$

이 전류 식을 전력에 대입하면 다음과 같다.

$$P_L = \frac{V^2 R_L}{(R_i + R_L)^2}$$

부하에 최대 전력을 전달하기 위한 부하저항(R_L)을 얻기 위해 위 식을 R_L에 대해 미분하고 그 값(접선의 기울기)이 0이 될 때의 부하저항을 구한다.

$$\frac{dP_L}{dR_L} = \frac{(R_i + R_L)^2 V^2 - V^2 R_L 2(R_i + R_L)}{(R_i + R_L)^4} = \frac{V^2(R_i + R_L)\left[(R_i + R_L) - 2R_L\right]}{(R_i + R_L)^4} = 0$$

$$\left(\frac{f(x)}{g(x)}\right)' = \frac{g(x)f(x)' - f(x)g(x)'}{g(x)^2}$$

여기서

$f(x) = V^2 R_L,\ g(x) = (R_i + R_L)^2$

부하저항이 음인 값을 가질 수 없으므로

$$(R_i + R_L) - 2R_L = 0$$

$$R_L = R_i$$

즉, 직류 회로에서 부하에 최대 전력을 전달하려면 부하저항이 전력 공급원의 내부저항과 같아야 한다. 부하저항이 크거나 작으면 부하전력은 작아진다.

최대 전력 전달 조건에서 부하에 전달되는 전력이 전체 공급 전력에서 차지하는 비율을 계산해보자. 전체 공급 전력(P_T)은 부하전력과 내부저항에 전달된 전력(P_i)의 합으로 다음과 같다.

$$P_T = P_i + P_L = i^2 R_i + i^2 R_L = i^2 (R_i + R_L)$$

최대 부하전력 전달 조건에서 $R_i = R_L$이므로

$P_T = 2i^2 R_L$이고 이때의 효율(η)은

$$\eta = \frac{\text{부하전력}}{\text{총공급전력}} \times 100 = \frac{i^2 R_L}{2i^2 R_L} \times 100 = 50\%$$

최대 전력 전달 조건에서의 효율은 50 %이다. 이는 부하와 내부저항이 직렬 회로를 형성하고 그 값이 같아서 전류, 전압 및 전력도 동일하게 된다.

부하전력은 $P_L = \frac{V_{R_L}^2}{R_L}$이고 총 전력은 $P_T = \frac{V^2}{R_i + R_L}$이다. R_L 값이 커지면 부하전압(V_{R_L})은 커지지만, 이것이 매우 큰 R_L이 최대 부하전력을 생성한다는 의미는 아니다(R_L로 나누어짐). 즉, 일정 지점부터 $V_{R_L}^2$이 R_L 보다 느리게 증가하며 $R_L = R_i$인 점을 경계로 부하전력은 감소한다.

교류 회로에서는 원리는 동일하지만 저항 대신 임피던스로 계산하므로 식이 조금 복잡해진다.

실험

1) 부품 및 계측기

- 직류 전원공급기
- 저항(100 Ω, 200 Ω, 330 Ω, 1 kΩ, 2.2 kΩ 2개, 3.3 kΩ, 4.7 kΩ, 10 kΩ)
- 디지털멀티미터(DMM)

2) 실험 순서

① 다음의 회로(E = 10 V, R_i = 2.2 kΩ)를 구성한다.

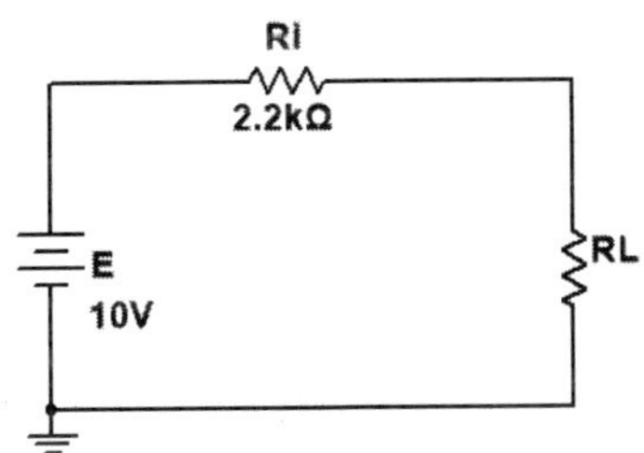

그림 2 실험회로

② 표 1의 R_L 값에 대해 부하전압(v_{R_L}), 부하전력(P_L), 총 전력(P_T) 및 효율(η)을 계산해서 표 1에 기록한다.

$$i = \frac{E}{R_i + R_L},\ P_L = i^2 R_L,\ P_T = P_i + P_L = i^2(R_i + R_L),\ \eta = \frac{P_L}{P_T} \times 100\%$$

③ 표 2의 R_L 값에 대해 다음 회로와 같이 부하전압(v_{R_L})을 측정하고 부하전력(P_L), 총 전력(P_T) 및 효율(η)을 계산해서 표 2에 기록한다.

$$i = \frac{v_{R_L}}{R_L},\ P_L = i^2 R_L,\ P_T = P_i + P_L = i^2(R_i + R_L),\ \eta = \frac{P_L}{P_T} \times 100\%$$

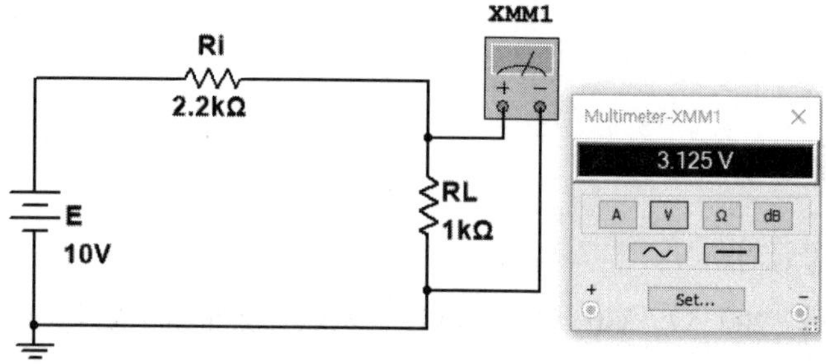

그림 3 실험회로(XMM1: DMM)

④ 표 1과 표 2의 데이터를 사용해서 log(R_L) 대 부하전력(P_L)의 그래프 2개를 표 3에 그린다.

⑤ 표 1과 표 2의 데이터를 사용해서 log(R_L) 대 효율(η)의 그래프 2개를 표 4에 그린다.

3) 실험 결과

[표 1]

R_L [Ω]	v_{R_L} [V]	P_L [W]	P_T [W]	η [%]
100				
200				
330				
1 k				
2.2 k				
3.3 k				
4.7 k				
10 k				

[표 2]

R_L [Ω]	v_{R_L} [V]	P_L [W]	P_T [W]	η [%]
100				
200				
330				
1 k				
2.2 k				
3.3 k				
4.7 k				
10 k				

[표 3]

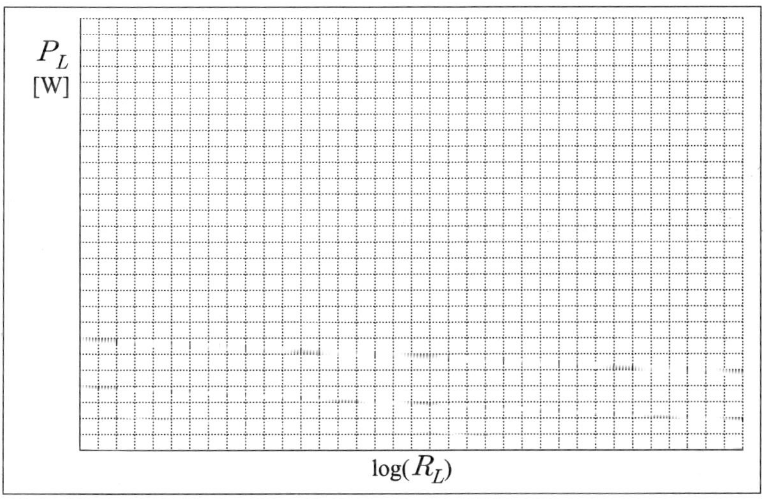

[표 4]

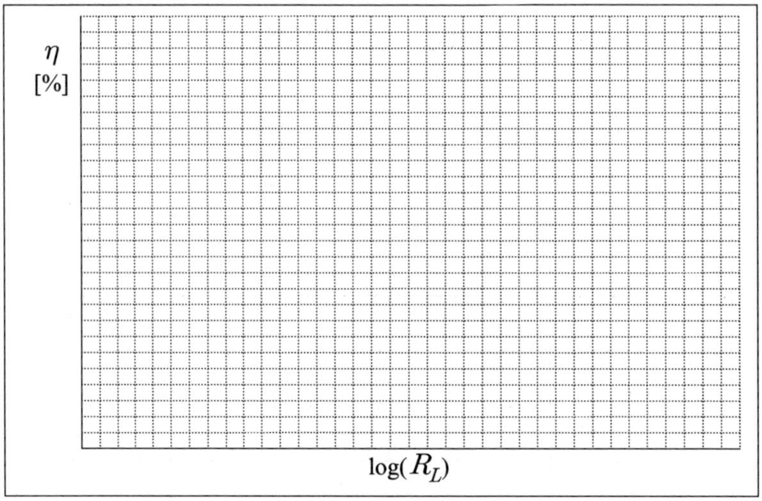

4) 검토

- 최대 부하 전력이 전달될 때
- 총 전력이 최대일 때
- 효율이 최대일 때
- MultisimLive 시뮬레이션(www.multisim.com)

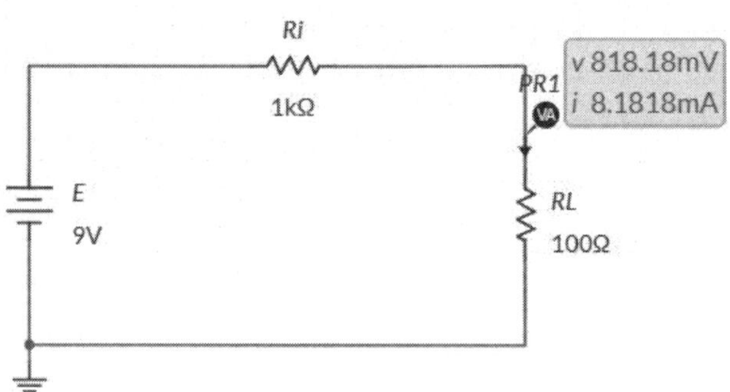

그림 3 실험회로 Schematic 화면

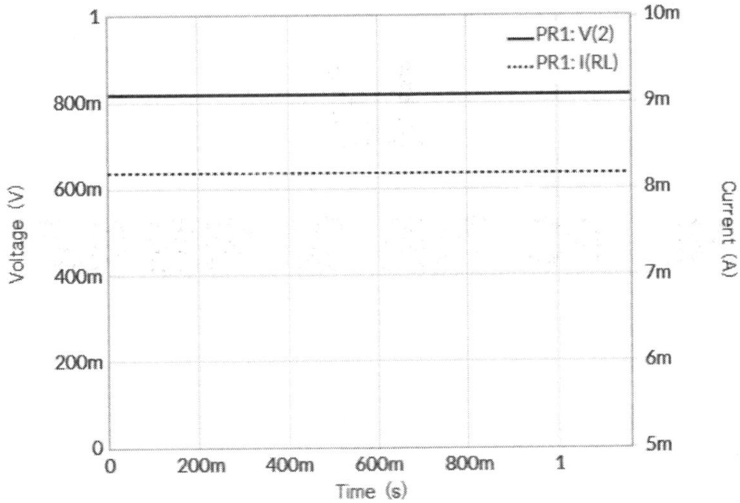

그림 4 실험회로 Grapher 화면

13

RL, RC 직렬 및 병렬회로

실험 목적

- R, L, C 소자의 교류회로 특성을 이해한다.
- RL과 RC 직렬 및 병렬 교류회로에서 임피던스와 위상을 이해하고 측정법을 알아본다.

이론

R, L, C에 정현파 교류전압($V_m \sin(\omega t)$)을 인가하면 전류(I)와 저항에 걸린 전압(V_R), 인덕터에 걸린 전압(V_L) 및 커패시터에 걸린 전압(V_C) 사이의 위상은 그림 1과 같다.

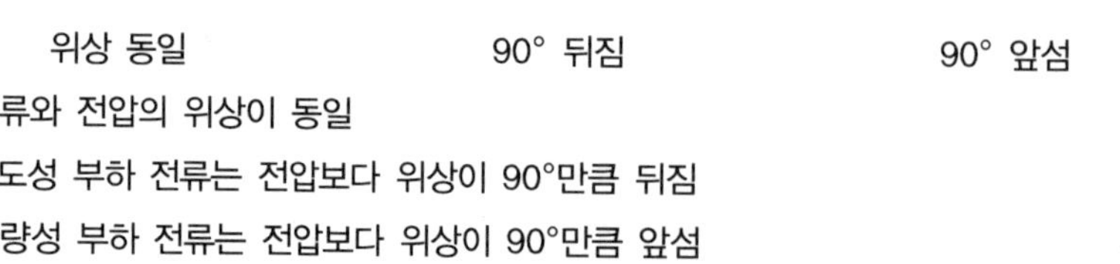

위상 동일　　　90° 뒤짐　　　90° 앞섬

- R: 전류와 전압의 위상이 동일
- L: 유도성 부하 전류는 전압보다 위상이 90°만큼 뒤짐
- C: 용량성 부하 전류는 전압보다 위상이 90°만큼 앞섬

그림 1 R, L, C에서 전압과 전류의 위상

1) RL 직렬회로

그림 2의 RL 직렬 회로에서 총 임피던스(Z)와 위상(θ)은 다음과 같다.

$$V = \sqrt{V_R^2 + V_L^2}$$

$$V_R = RI,\ \ V_L = \omega LI$$

$$Z = \sqrt{R^2 + (\omega L)^2},\ \ \theta = \tan^{-1}\frac{\omega L}{R}$$

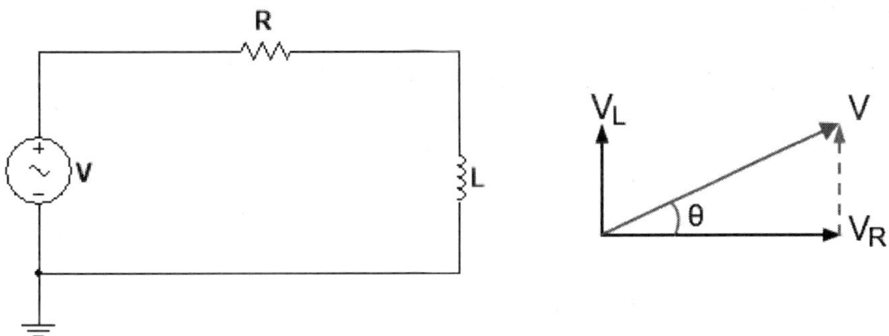

(a) RL 직렬회로 (b) 전압 페이서도

그림 2 RL 직렬회로와 위상

2) RC 직렬회로

그림 3의 RC 직렬 회로에서 총 임피던스(Z)와 위상(θ)은 다음과 같다.

$$V = \sqrt{V_R^2 + V_C^2}$$

$$V_R = RI,\ \ V_C = \frac{I}{\omega C}$$

$$Z = \sqrt{R^2 + (\frac{1}{\omega C})^2},\ \ \theta = \tan^{-1}\frac{1}{\omega CR}$$

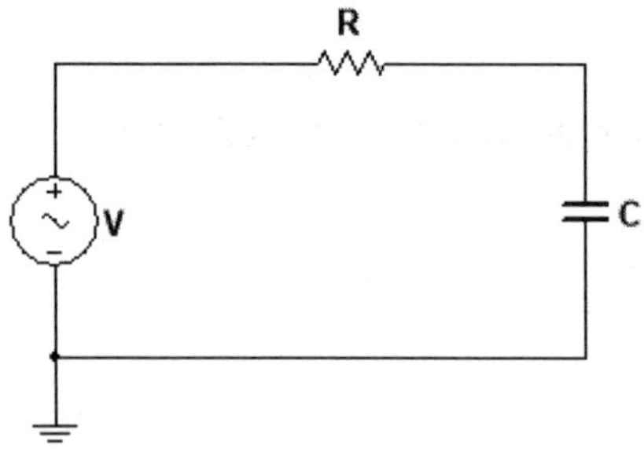

(a) RC 직렬회로

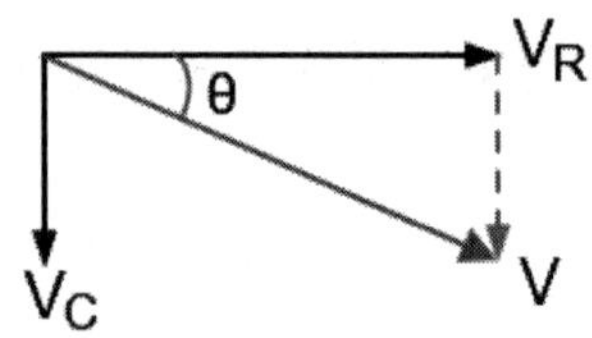

(b) 전압 페이서도

그림 3 RC 직렬회로와 위상

3) RL 병렬회로

그림 4의 RL 병렬 회로에서 총 임피던스(Z)와 위상(θ)은 다음과 같다.

$$I = \sqrt{I_R^2 + I_L^2} = \frac{V}{Z}$$

$$I_R = \frac{V}{R},\ I_L = \frac{V}{\omega L}$$

$$Z = \frac{1}{\sqrt{\frac{1}{R^2} + \frac{1}{(\omega L)^2}}},\ \theta = \tan^{-1}\frac{R}{\omega L}$$

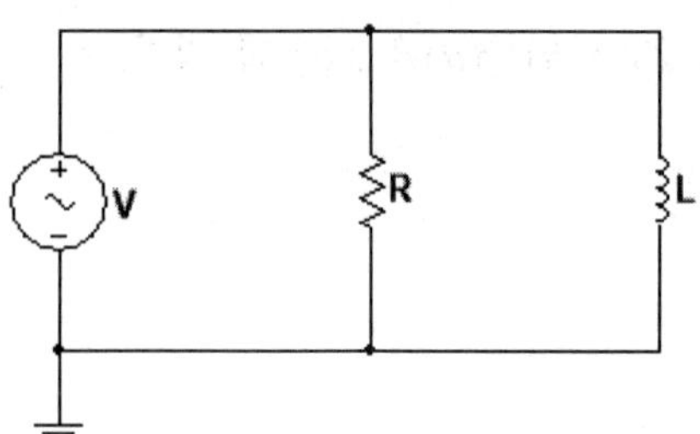

(a) RL 병렬회로

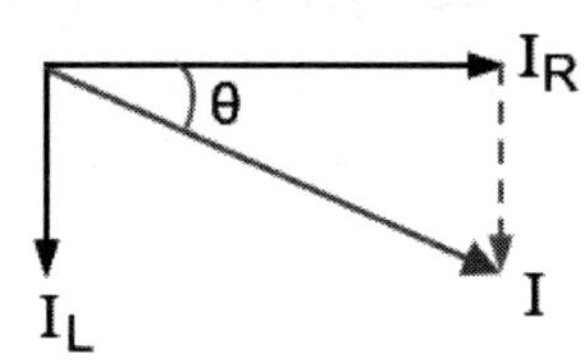

(b) 전류 페이서도

그림 4 RL 병렬회로와 위상

4) RC 병렬회로

그림 5의 RC 병렬 회로에서 총 임피던스(Z)와 위상(θ)은 다음과 같다.

$$I = \sqrt{I_R^2 + I_C^2} = \frac{V}{Z}$$

$$I_R = \frac{V}{R},\ I_C = \omega CV$$

$$Z = \frac{1}{\sqrt{\frac{1}{R^2} + (\omega C)^2}},\ \theta = \tan^{-1}\omega CR$$

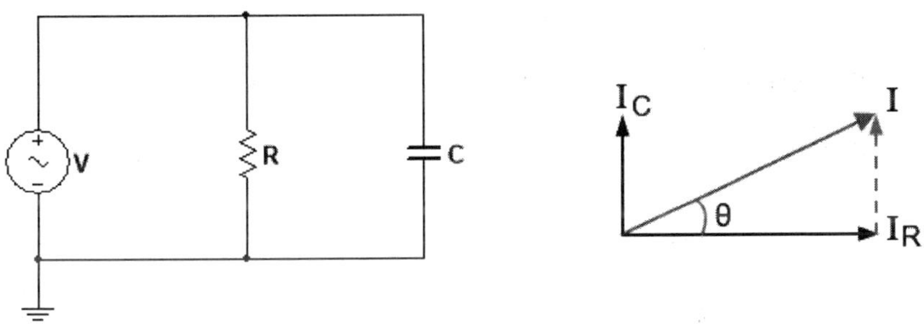

(a) RC 병렬회로

(b) 전류 페이서도

그림 5 RC 병렬회로와 위상

실험

1) 부품 및 계측기

- 함수발생기
- 저항(200 Ω 2개)
- 인덕터(10 mH, 20 mH)
- 축전기(0.22 μF)
- 디지털멀티미터(DMM), 오실로스코프

2) 실험 순서

① 다음 회로($R = 200\,\Omega$, $L = 10\,mH$)를 구성한다. 전원은 첨두 전압 $E_{pk} = 10\ V$이고 주파수가 1 kHz인 정현파이다. 회로가 연결된 상태에서 전원 출력을 오실로스코프로 확인한다.

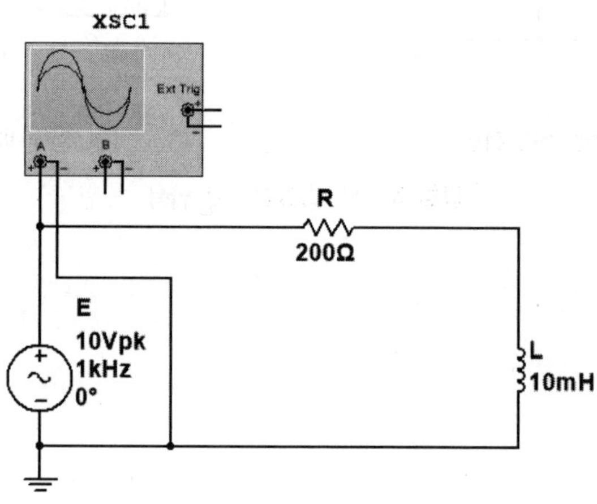

그림 6 실험회로(XSC1: 오실로스코프)

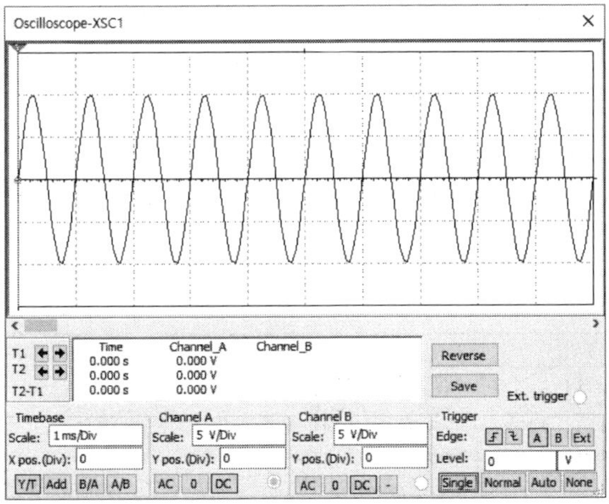

그림 7 채널 A: E(전원)

② 다음과 같이 저항 및 인덕터에 걸리는 전압(v_R, v_L)의 천두 값을 오실로스코프로 측정해 표 1에 기록한다.

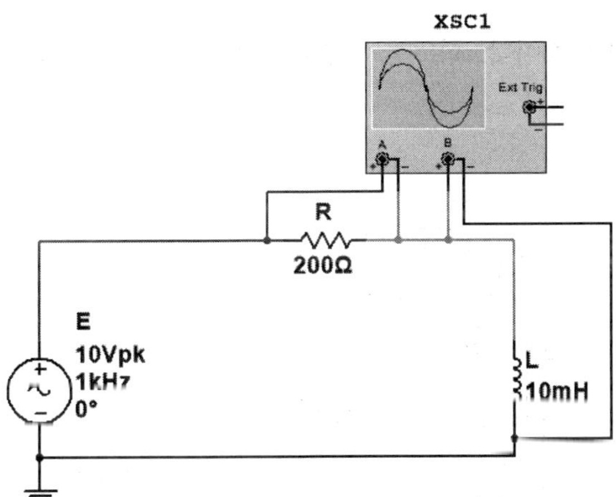

그림 7 실험회로(XSC1: 오실로스코프)

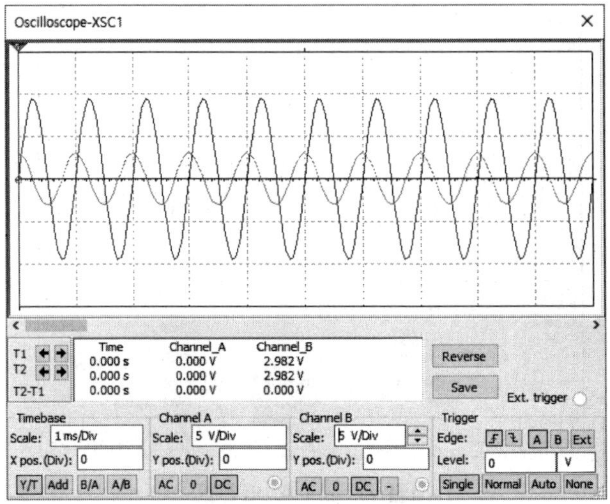

그림 8 채널 A: v_R, 채널 B: v_L

③ R, L과 측정한 v_R과 v_L의 첨두 값을 사용해서 표 1에서 i, Z와 θ를 계산한다.

④ 다음의 회로($R = 200\,\Omega$, $C = 0.22\,\mu F$)를 구성한다. 전원은 $E_{pk} = 10\ V$이고 주파수가 1 kHz인 정현파이다. 회로가 연결된 상태에서 전원 출력을 오실로스코프로 확인한다.

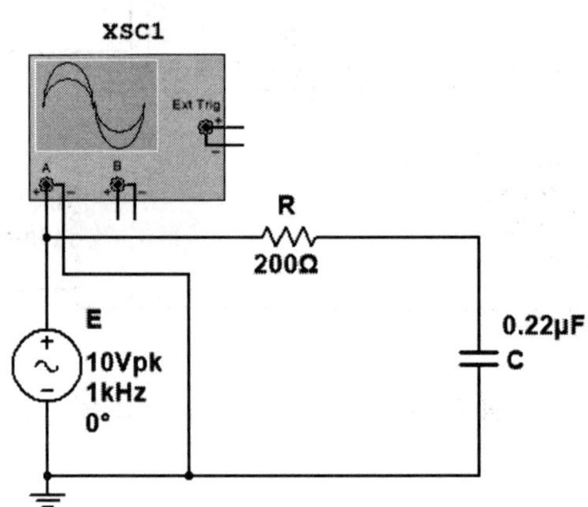

그림 9 실험회로(XSC1: 오실로스코프)

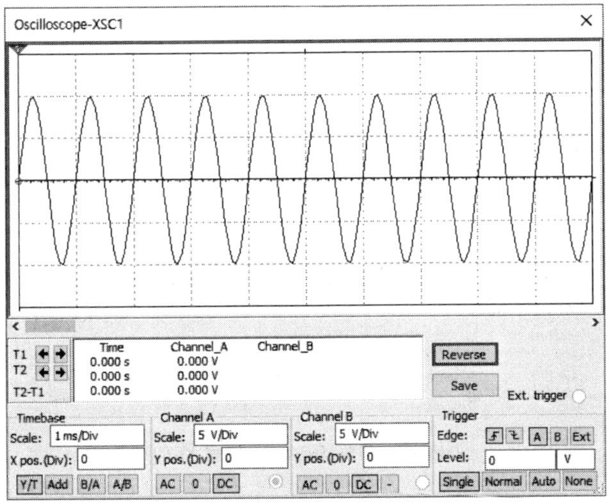

그림 10 채널 A: E(전원)

⑤ 다음 회로와 같이 저항 및 커패시터 양단 전압(v_R, v_C)의 첨두 값을 오실로스코프로 측정해 표 2에 기록한다.

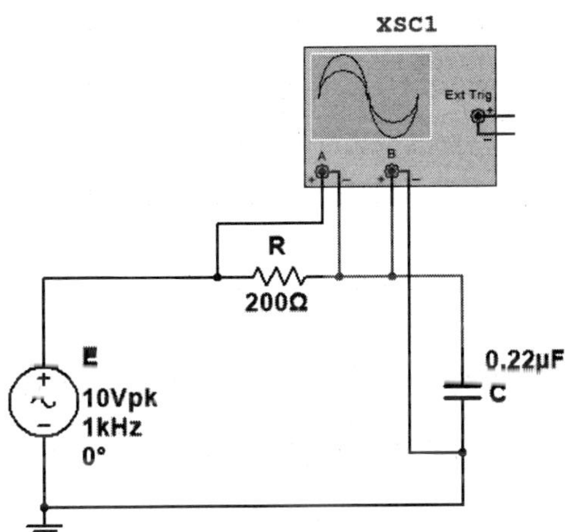

그림 11 실험회로(XSC1: 오실로스코프)

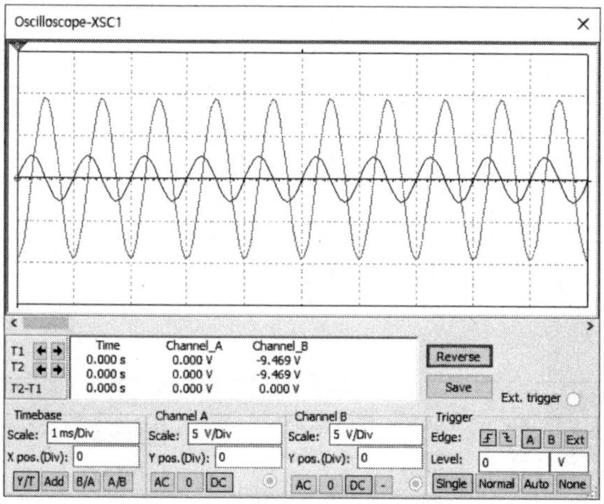

그림 12 채널 A: v_R, 채널 B:v_C

⑥ R, C 및 측정한 v_R과 v_C의 첨두 값을 사용해서 표 2의 i, Z와 θ를 계산한다.

⑦ 다음의 회로($R = 1\,k\Omega$, $L = 20\,mH$)를 구성한다. 전원은 $E_{pk} = 10\ V$이고 주파수가 1 kHz인 정현파이다.

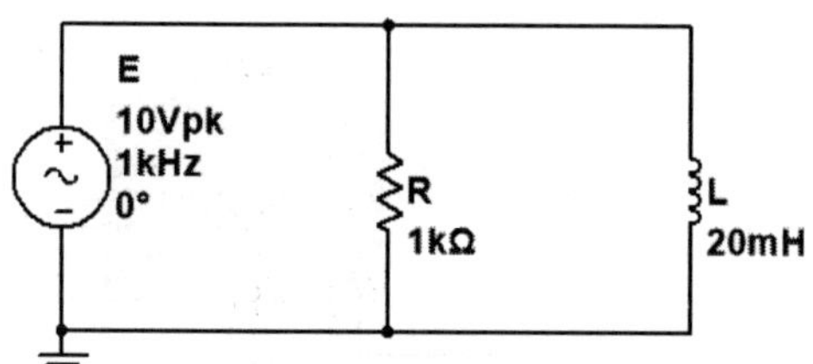

그림 13 실험회로

⑧ 다음 회로와 같이 DMM을 사용해 저항에 흐르는 전류(i_R), 인덕터에 흐르는 전류(i_L)을 측정해 표 3에 기록하고 i, Z와 θ를 계산, 기록한다.

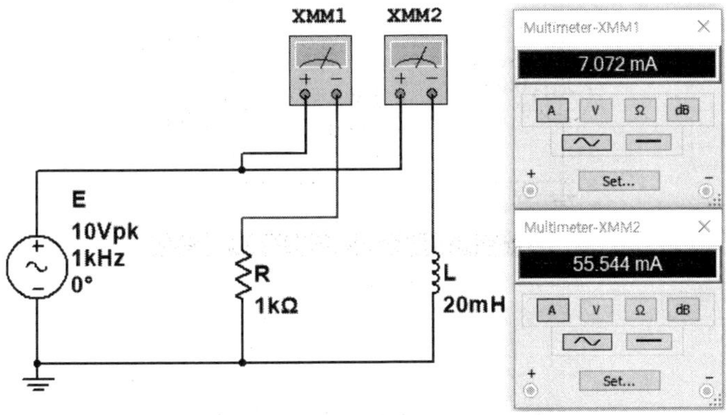

그림 14 실험회로(XMM1~2: DMM)

⑨ 다음의 회로($R = 10\,k\Omega$, $C = 0.1\,\mu F$)를 구성한다. 전원은 $E_{pk} = 10\ V$이고 주파수가 1 kHz인 정현파이다.

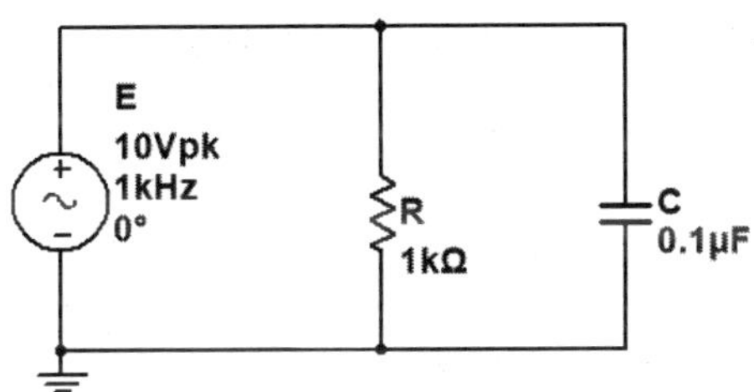

그림 15 실험회로

⑩ 다음 회로와 같이 DMM을 사용해 저항에 흐르는 전류(i_R), 커패시터에 흐르는 전류(i_C)를 측정해 표 4에 기록하고 i, Z와 θ를 계산, 기록한다.

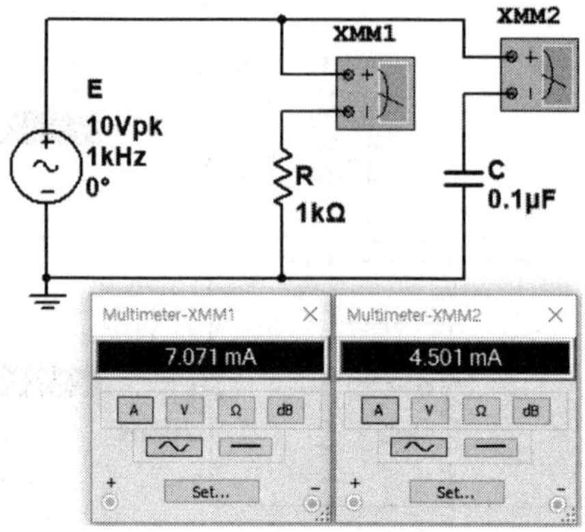

그림 16 실험회로(XMM1~2: DMM)

3) 실험 결과

[표 1]

RL 직렬회로($R = 200\,\Omega$, $L = 10\,mH$)	
v_R $[V_{pk}]$	(측정)
v_L $[V_{pk}]$	(측정)
$v = \sqrt{v_R^2 + v_L^2}$ $[V_{pk}]$	(계산)
$i = \dfrac{v_R}{R}$ $[mA_{pk}]$	(계산)
$Z = \dfrac{v}{i}$ $[\Omega]$	(계산)
$\theta = \tan^{-1}\dfrac{v_L}{v_R}$ [도]	(계산)

[표 2]

RC 직렬회로($R=200\,\Omega$, $C=0.22\,\mu F$)	
v_R [V_{pk}]	(측정)
v_C [V_{pk}]	(측정)
$v=\sqrt{v_R^2+v_C^2}$ [V_{pk}]	(계산)
$i=\dfrac{v_R}{R}$ [mA_{pk}]	(계산)
$Z=\dfrac{v}{i}$ [Ω]	(계산)
$\theta=\tan^{-1}\dfrac{v_C}{v_R}$ [도]	(계산)

[표 3]

RL 병렬회로($R=1\,k\Omega$, $L=20\,mH$)	
i_R [mA]	(측정)
i_L [mA]	(측정)
$i=\sqrt{i_R^2+i_L^2}$ [mA]	(계산)
$Z=\dfrac{E_{pk}}{i}$ [Ω]	(계산)
$\theta=\tan^{-1}\dfrac{R}{\omega L}$, $\omega=2\pi f$	(계산)

[표 4]

RC 병렬회로($R = 10\,k\Omega$, $C = 0.1\,\mu F$)	
$i_R\ [mA]$	(측정)
$i_C\ [mA]$	(측정)
$i = \sqrt{i_R^2 + i_C^2}\ [mA]$	(계산)
$Z = \dfrac{E_{pk}}{i}\ [\Omega]$	(계산)
$\theta = \tan^{-1}\omega CR,\ \omega = 2\pi f$	(계산)

4) 검토

- 저항, 인덕터, 커패시터에 교류 전압을 인가할 때 전압과 전류의 위상 관계
- RL, RC 직렬회로의 임피던스와 전압과 전류의 위상차
- RL, RC 병렬회로의 임피던스와 전압과 전류의 위상차
- MultisimLive 시뮬레이션(www.multisim.com)

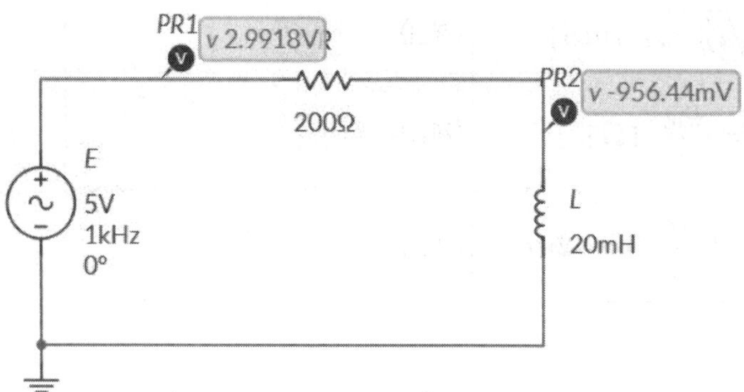

그림 17 RL 직렬회로 Schematic 화면

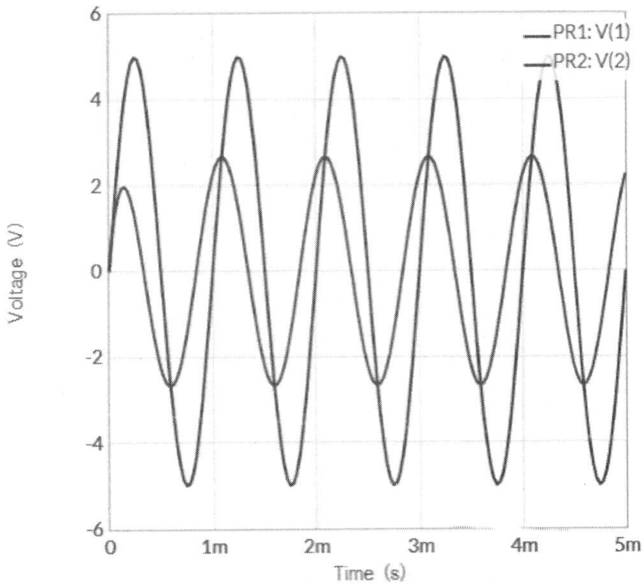

그림 18 RL 직렬회로 Grapher 화면

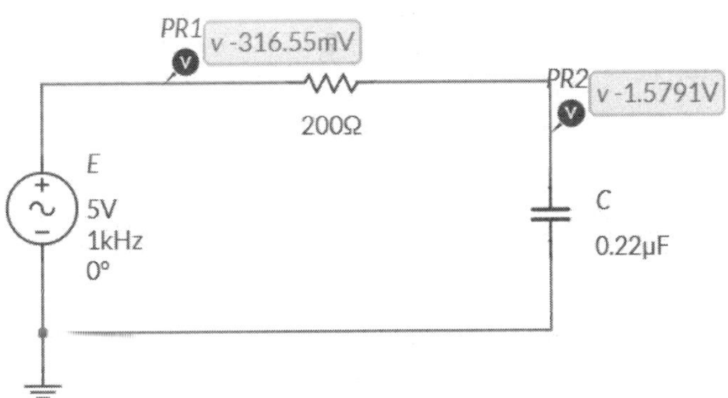

그림 19 RC 직렬회로 Schematic 화면

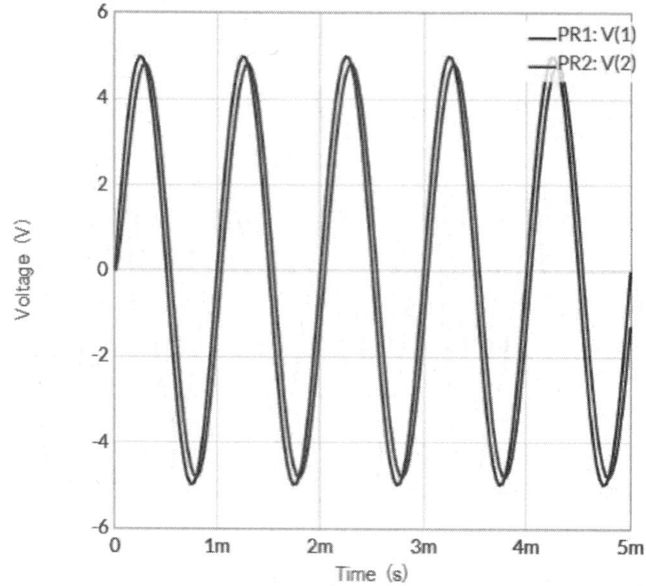

그림 20 RC 직렬회로 Grapher 화면

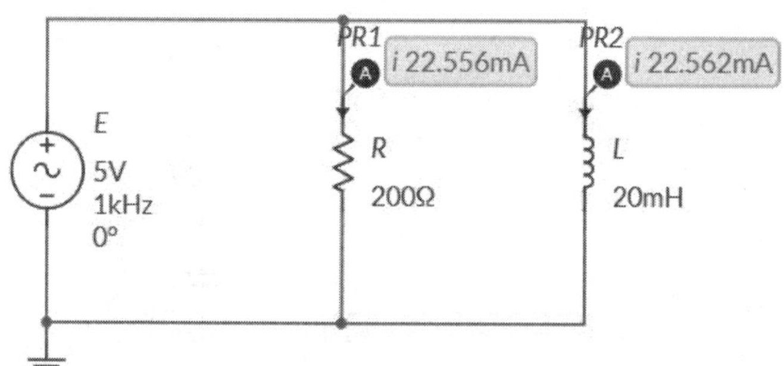

그림 21 RL 병렬회로 Schematic 화면

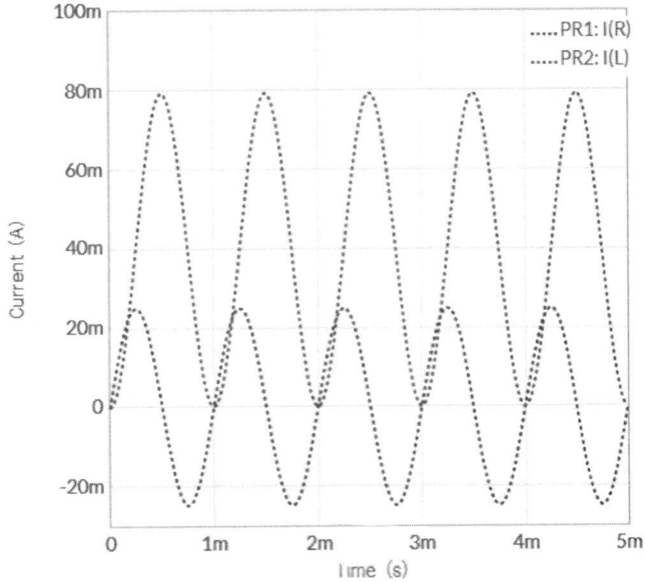

그림 22 RL 병렬회로 Grapher 화면

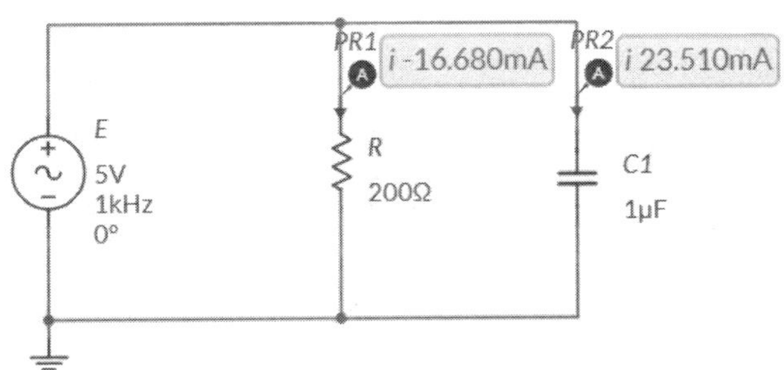

그림 23 RC 병렬회로 Schematic 화면

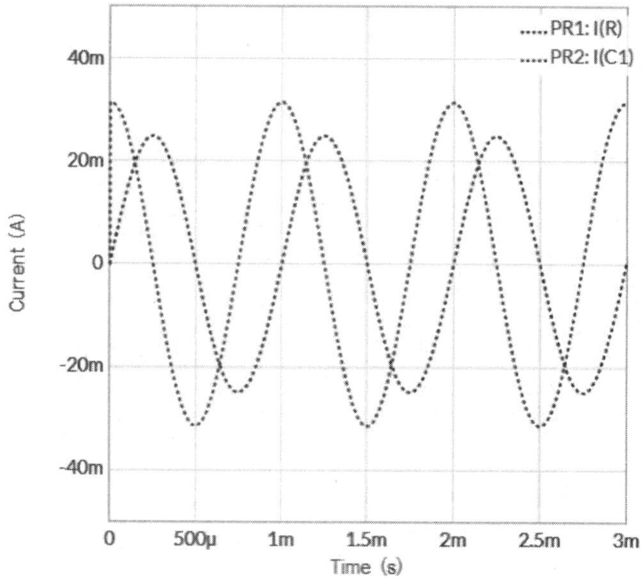

그림 24 RC 병렬회로 Grapher 화면

14

RC, RL 회로 응답

실험 목적

• RC 및 RL 1차회로의 과도 응답과 정상상태 응답을 관측하고 확인한다.

이론

1) RC 직렬 회로

커패시터가 1개인 RC 회로나 인덕터가 1개인 RL 회로를 1차(First order) 회로라고 하고 회로방정식이 1차 미분방정식으로 표시된다. 회로의 완전 응답은 과도 응답과 정상 상태 응답으로 이루어지는데, 1차 회로에서 완전 응답은 자연 응답(회로 미분방정식에서 입력이 0인 일반해)과 강제 응답(회로 미분방정식의 특별해)으로 이루어진다.

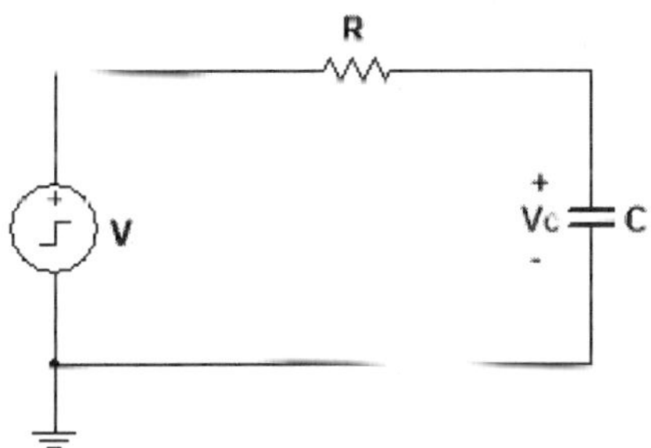

그림 1 RC 회로

그림 1의 RC 직렬 회로의 자연(방전) 응답은 다음 식으로 주어진다.

$$v_c(t) = v_o \times e^{-\frac{t}{\tau}}$$

여기서 v_o는 $t=0$일 때 커패시터 전압 $v_c(0)$이고 회로의 시정수(τ)는 $\tau = RC$이다. 시정수는 전압이 저항 손실에 의해 감쇠하는 비율을 나타낸다.

그림 1의 RC 직렬회로의 계단 응답(충전)은 다음 식으로 주어진다.

$$v_c(t) = v_f\left(1 - e^{-\frac{t}{\tau}}\right)$$

여기서 v_f는 응답의 최종 값으로 정상 상태 응답이다. 시정수는 자연 응답에서와 동일한 방식으로 계단 응답에 영향을 미친다. 계단 응답의 시정수는 최종 값(v_f)의 63.22 %에 도달하는데 걸린 시간을 측정한다.

그림 2는 전원 입력이 주기적인 구형파가 인가되었을 때 RC 직렬 회로의 응답을 보인다. 회로응답에서 첫 부분(그림 2.a는 계단 응답이고 그림 2.b는 자연 응답(외부 입력이 0)이다. 응답의 감쇠가 충분히 이루어지면 다음 주기의 계단 응답이 시작되고 이어서 자연 응답 순으로 반복된다. 즉, 회로 응답은 계단 응답과 자연 응답 사이를 교번한다. 응답을 잘 얻으려면 자연 응답 주기가 회로 시정수의 10배는 되어야 한다.

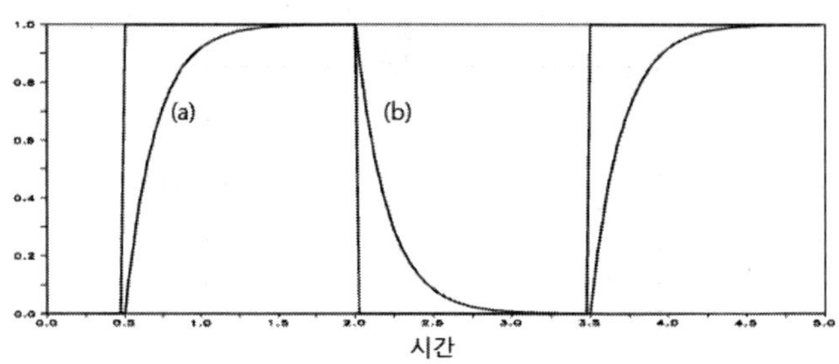

그림 2 RC 회로 응답

오실로스코프로 시정수를 측정하는 방법에 대해 알아보자. 지수 함수로 감쇠하는 응답이 그림 3과 같다고 하면 시정수는 다음과 같이 두 가지 방법으로 측정할 수 있다.

(a) 정점에서 응답이 63.22 % 감쇠한 지점까지의 시간을 측정한다.

(b) 정점에서 감쇠 방향으로의 접선이 시간 축과 만나는 점의 시간을 측정한다.

첫 번째 방법이 오실로스코프로 측정하기 용이하며, 이때 오실로스코프의 시간 축 눈금을 시정수(이론값)로 설정한다. 그림 2에서 시정수는 감쇠 시작인 0.05 초에서 시작돼서 63.32 % 감쇠가 일어난 시간은 0.25 초이므로 $\tau = 0.25 - 0.05 = 0.2$ 초이다.

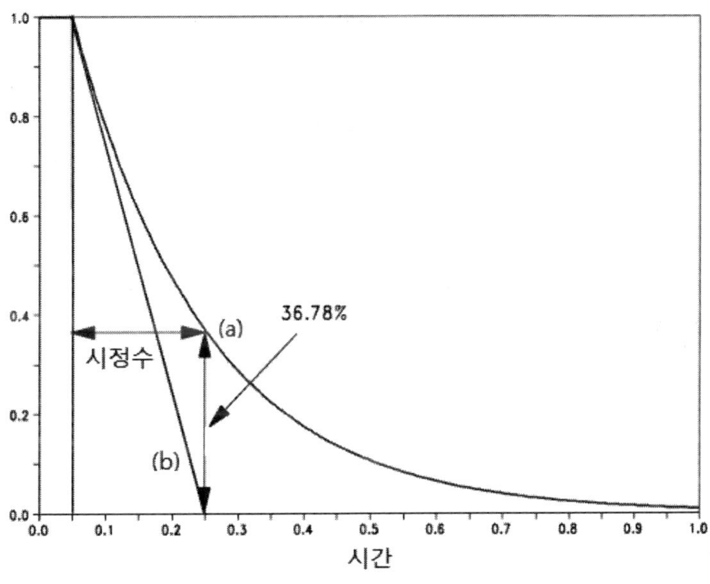

그림 3 시정수 측정법

2) RL 직렬 회로

그림 3의 1차 RL 직렬 회로의 자연 응답과 계단 응답은 전류(i)에 대해 RC 직렬회로의 응답과 같다. 여기서 시정수는 $\tau = \dfrac{L}{R}$이다.

• 자연 응답 : $i(t) = i_o \times e^{-\frac{t}{\tau}}$

• 계단 응답 : $i(t) = i_f\left(1 - e^{-\frac{t}{\tau}}\right)$

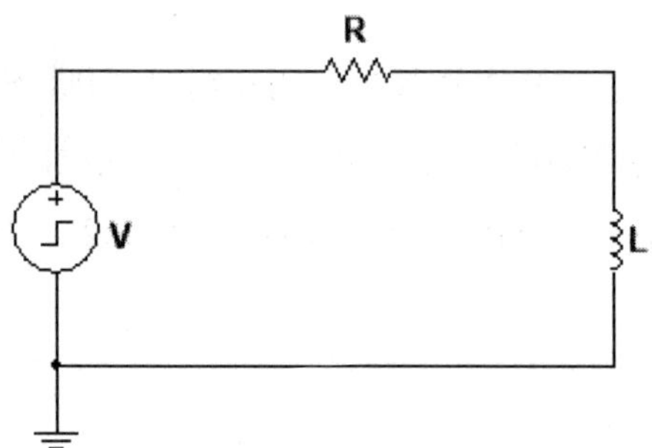

그림 3 RL 회로

실험

1) 부품 및 계측기

- 함수발생기
- 저항(1 kΩ)
- 축전기(0.1 μF)
- 인덕터(10 mH)
- 디지털멀티미터(DMM), 오실로스코프

2) 실험 순서

① 다음의 RC 회로(R = 1 kΩ, C = 0.1 μF)를 구성한다. 함수발생기에서 구형파($E_{pk} = 5\,V,\ f = 1kHz,\ T = 1\,ms$)를 발생시켜 전원으로 사용한다. 전원의 주기는 회로 시정수 보다 적어도 20 배 이상 커야, 충전과 방전 시에 커패시터가 정상 상태에 도달한 것을 확인할 수 있다. 다음과 같이 오실로스코프로 함수발생기의 출력의

주기를 확인한다.

② 시정수의 이론값($\tau = RC$)을 계산해서 표 1에 기록한다.

③ 다음과 회로와 같이 시정수를 측정해서(방전 초기 전압 값의 36.78 %가 되는데 걸린 시간, 충전 시에는 최종 전압 값의 63.22 %가 되는데 걸리는 시간) 표 1에 기록한다. 오실로스코프를 사용해 시정수를 측정할 때 오실로스코프의 시간 축의 눈금 간격을 시정수 이론값에 맞춘다.

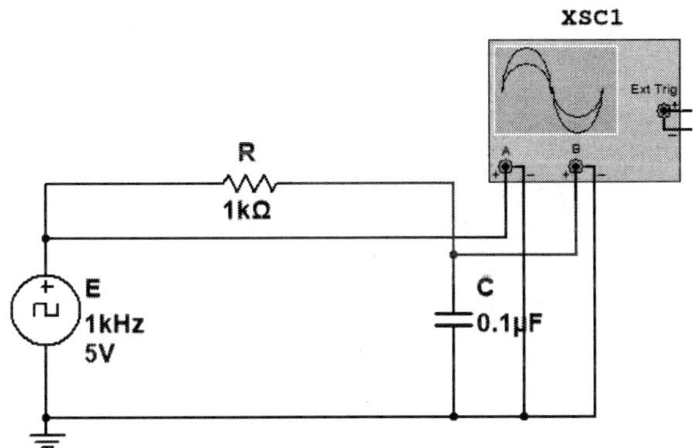

그림 4 실험회로(XSC1: 오실로스코프)

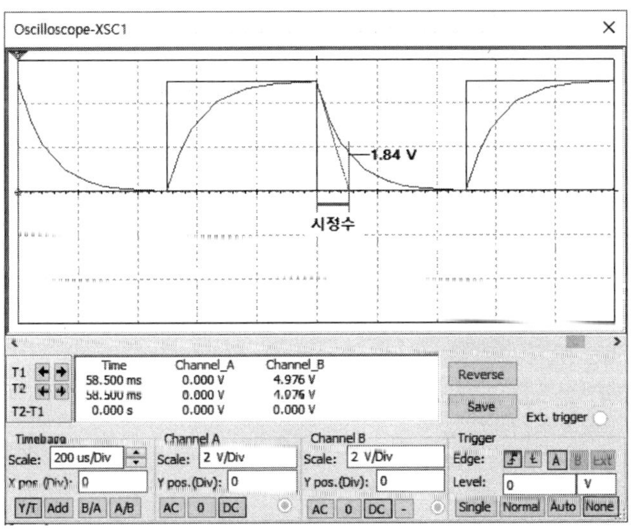

그림 5 v_c가 5 V에서 1.84 V(5*0.3678)가 될 때 걸린 시간

④ 한 주기의 전압(v_c) 응답을 표 2에 그린다.

⑤ 다음의 RL 회로(R = 1 kΩ, L = 10 mH)를 구성한다. 함수발생기에서 구형파($E_{pk}=10\,V$, $f=10\,kHz$, $T=0.1\,ms$)를 발생시켜 전원으로 사용한다. 오실로스코프로 함수발생기의 출력의 주기를 확인한다.

⑥ 시정수의 이론값($\tau=\dfrac{L}{R}$)을 계산해서 표 3에 기록한다.

⑦ 시정수를 측정해서 표 3에 기록한다. 오실로스코프를 사용해 시정수를 측정할 때 오실로스코프의 시간 축의 눈금 간격을 시정수 이론값에 맞춘다.

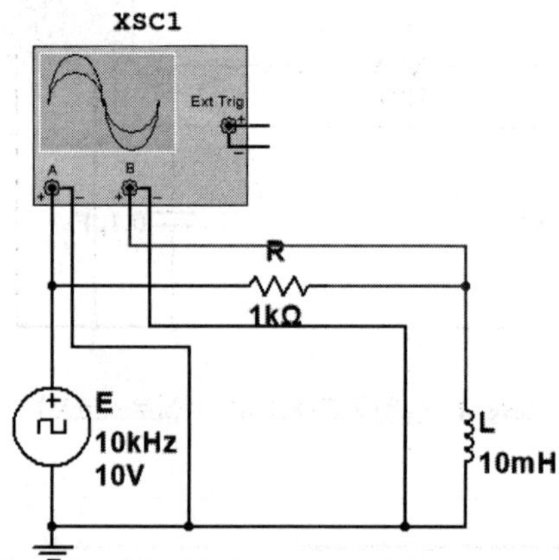

그림 6 실험회로(XSC1: 오실로스코프)

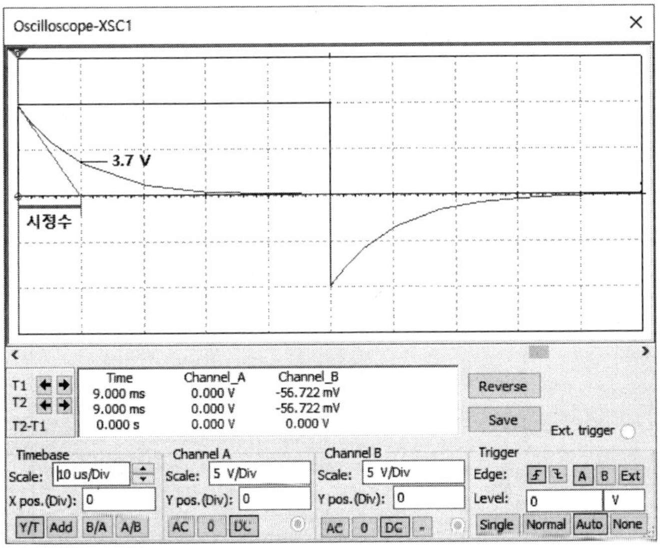

그림 7 v_L이 10 V에서 3.7 V(10*0.3678)될 때 걸린 시간

⑧ 한 주기의 전압(v_L) 응답을 표 4에 그린다.

3) 실험 결과

[표 1]

시정수	
이론값	측정값

[표 2]

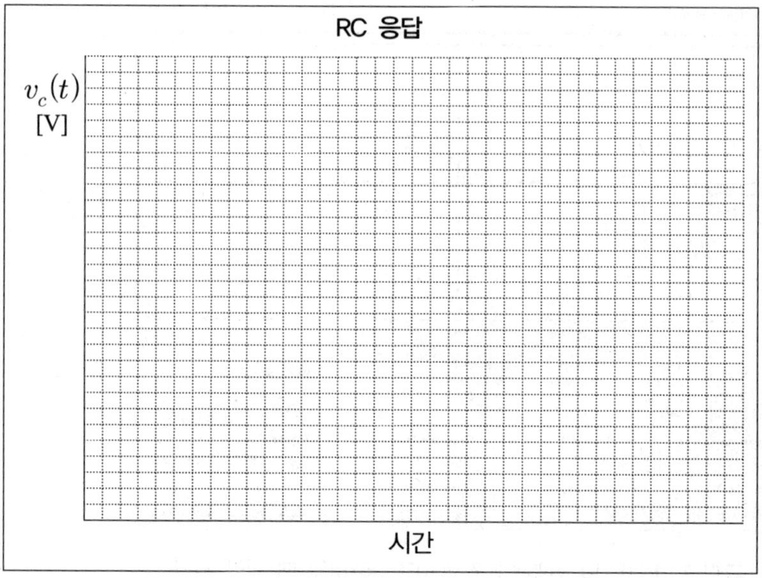

[표 3]

시정수	
이론값	측정값

[표 4]

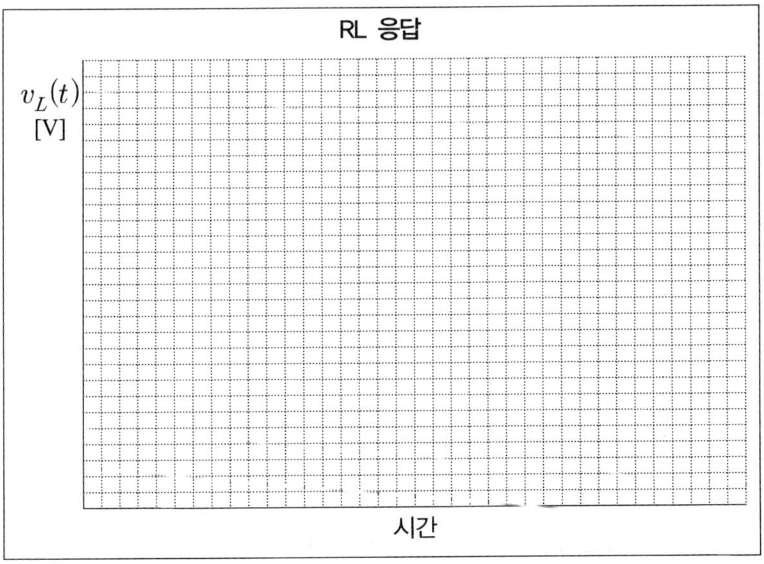

4) 검토

- 1차 RC 및 RL 회로의 응답에 대해 설명
- RC 및 RL 회로의 시정수(이론값과 실험값의 비교)
- 저항을 사용한 전류의 측정
- MultisimLive 시뮬레이션(www.multisim.com)

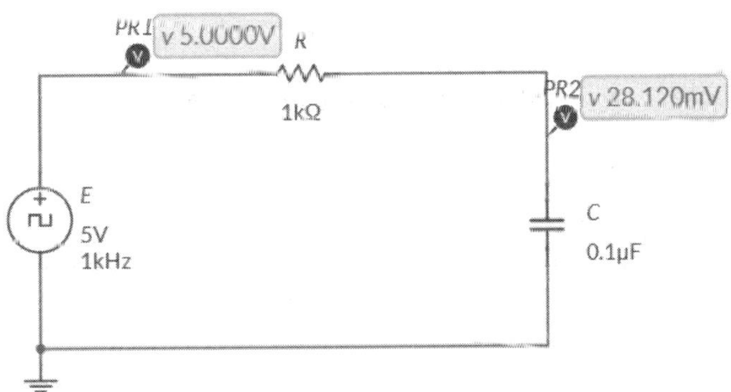

그림 8 RC 회로 Schematic 화면

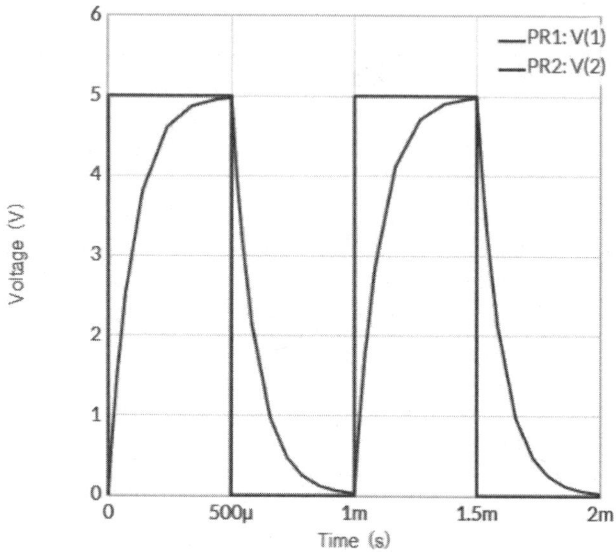

그림 9 RC 회로 Grapher 화면

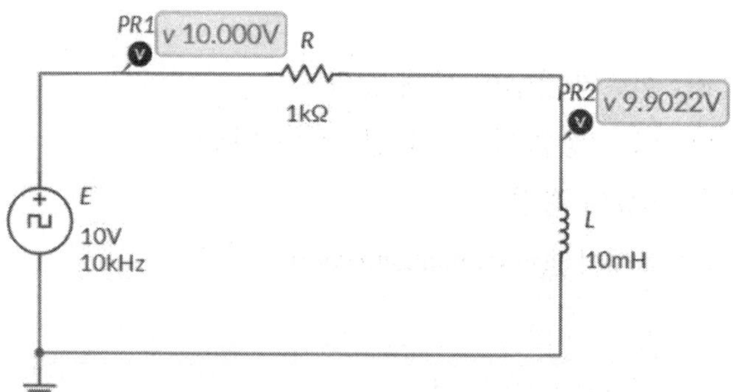

그림 10 RL 회로 Schematic 화면

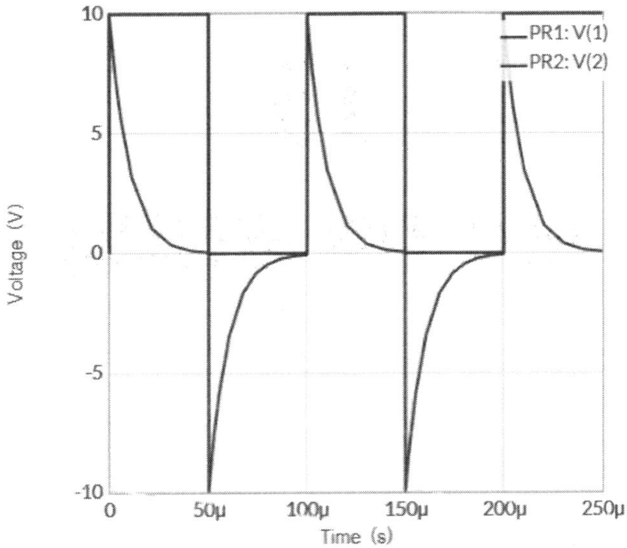

그림 11 RL 회로 Grapher 화면

15

RLC 직렬 공진회로

실험 목적

- RLC 직렬 공진회로의 특성을 이해한다.

이론

RLC 회로에 교류전압을 인가할 때 전압과 전류의 위상이 같게 되는 경우를 공진이라 하고 이때의 주파수를 공진주파수라 한다. 공진 시에는 리액턴스 성분은 0이 되어 임피던스는 저항 성분만을 갖는다. 공진조건은 임피던스의 허수부가 0이 되는 조건을 말한다. 리액턴스 성분이 0이므로 무효전력이 존재하지 않아서 실효전력이 유효전력과 같다(역률이 1). 그림 1의 직렬공진회로에서 임피던스는 다음과 같다.

$$Z = R + j\omega L + \frac{1}{jwC} = R + j(\omega L - \frac{1}{\omega C})$$

공진 시에는 리액턴스 성분이 0이므로

$$\omega L - \frac{1}{\omega C} = 2\pi f L - \frac{1}{2\pi f C} = 0$$

이 식을 만족하는 공진주파수(f_r)는 다음과 같다.

$$\omega_r = \frac{1}{\sqrt{LC}} \text{ [rads]}, \; f_r = \frac{1}{2\pi\sqrt{LC}} \text{ [Hz]}$$

주파수가 공진주파수 보다 작으면 용량성(전류가 전압 보다 위상이 앞섬)이 되고, 공진주파수 보다 크면 유도성(전류가 전압 보다 위상이 뒤짐)이 된다.

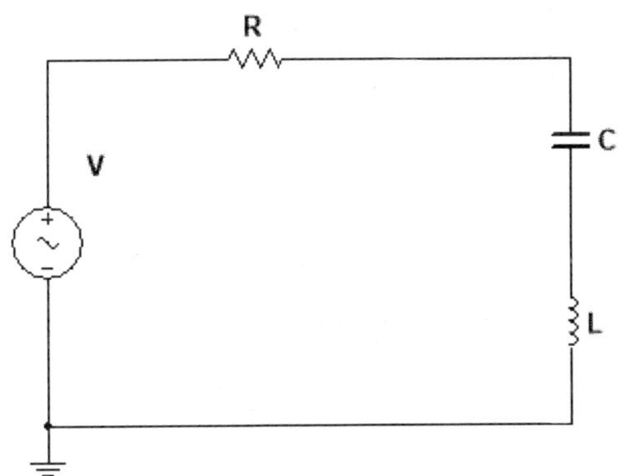

그림 1 RLC 직렬회로

공진 시에는 리액턴스 성분이 0이므로 임피던스는 최소이고 회로에 흐르는 전류는 최대이다. 이 때의 전류를 공진전류라 한다. 공진 시의 전력(P_r)은 다음과 같다.

$$P_r = I_r^2 R \text{ [W]}$$

그림 2의 공진곡선에서와 같이 최대전류인 공진전류(I_r)의 $\frac{1}{\sqrt{2}}$배 일 때의 주파수는 2개(f_1과 f_2)이고 이를 대역주파수 또는 반전력주파수라 한다. 반전력주파수는 공진전력의 반일 때($\left(\frac{I_r}{\sqrt{2}}\right)^2 R = \frac{I_r^2 R}{2} = \frac{P_r}{2}$)의 주파수이다. 대역주파수와 공진주파수의 관계는 다음과 같다.

$$f_r = \sqrt{f_1 f_2}$$

$$f_1 = \frac{1}{4\pi}\left(\sqrt{\left(\frac{R}{L}\right)^2 + \frac{4}{LC}} - \frac{R}{L}\right),\ f_2 = \frac{1}{4\pi}\left(\sqrt{\left(\frac{R}{L}\right)^2 + \frac{4}{LC}} + \frac{R}{L}\right)$$

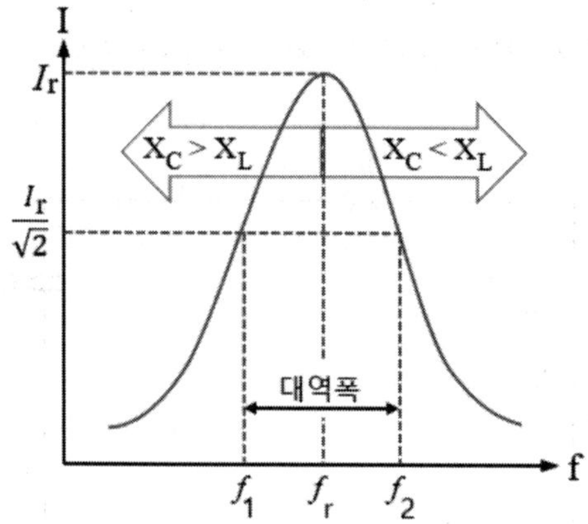

그림 2 공진곡선

대역주파수 사이의 폭을 대역폭이라 하고 공진주파수와 대역주파수 폭의 비를 선택도(Q)라 한다. 대역주파수의 폭이 작을수록 선택도는 커지고 이는 공진주파수에 정확하게 동조됨을 표시한다.

직렬 공진 시 저항에 대한 리액턴스의 비를 공진회로의 Q(품질 지수)라 한다.

$$Q = \frac{|Z_C|}{R} = \frac{|Z_L|}{R} = \frac{\omega_r L}{R} = \frac{1}{\omega_r RC} = \frac{1}{R}\sqrt{\frac{L}{C}} \quad ,\ w_r = \sqrt{\frac{1}{LC}}$$

공진곡선이 예리할수록 Q가 커지므로 Q를 첨예도, Q가 클수록 공진주파수에 정확하게 동조되므로 선택도라고도 부른다.

$$Q = \frac{\omega_r}{\omega_2 - \omega_1} = \frac{f_r}{f_2 - f_1}$$

공진 시에 각 소자에 걸리는 전압을 계산하고 Q를 대입하면 다음과 같다.

$$V_R = I_r R = V_r$$

$$V_L = jw_r L I_r = j\frac{w_r L}{R} V_r = jQV_r, \ Q = \frac{w_r L}{R}$$

$$V_C = \frac{I_r}{j\omega_r C} = -j\frac{V_r}{\omega_r CR} = -jQV_r, \ I_r = \frac{V_r}{R}$$

V_L과 V_C는 크기가 동일하며 위상이 반대이다. 이들의 크기는 공진 시의 공급 전압(저항에 걸리는 전압과 동일)인 V_r에 Q를 곱한 값으로, 직렬 공진회로에서 Q를 전압확대비라고도 한다.

실험

1) 부품 및 계측기

- 함수발생기
- 저항($1\,k\Omega$, $100\,\Omega$)
- 축전기($1\,\mu F$)
- 인덕터($20\,mH$)
- 오실로스코프

2) 실험 순서

① 다음의 회로($R = 1\,k\Omega$, $C = 1\,\mu F$, $L = 20\,mH$)를 구성한다. 전원은 함수발생기의 출력이 $E_{pk} = 2\,V$이고 주파수 100 Hz인 정현파를 사용한다.

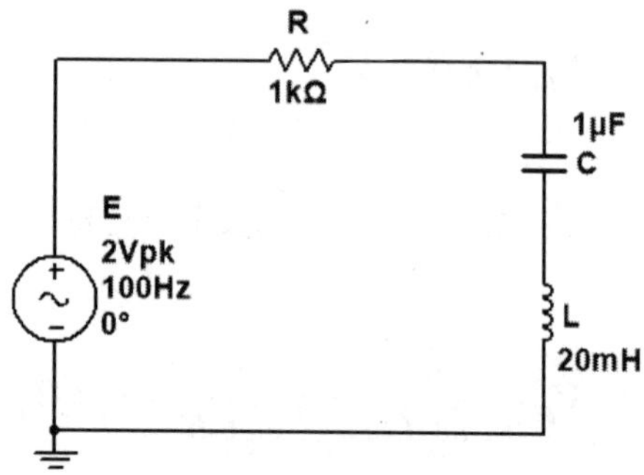

그림 3 실험회로

② 다음과 같이 오실로스코프 채널A를 함수발생기 출력에 연결한다.

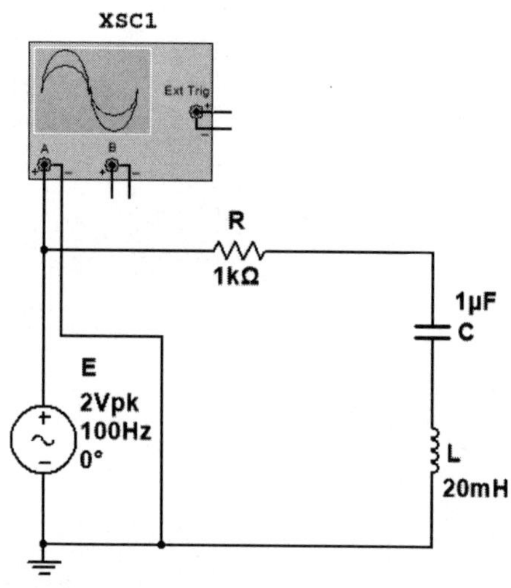

그림 4 실험회로(XSC1: 오실로스코프)

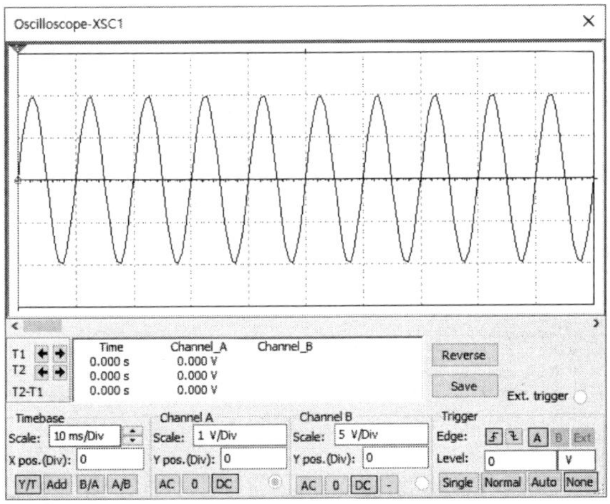

그림 5 채널 A: E(전원)

③ 오실로스코프 채널B로 저항(R)에 걸리는 전압(v_R)을 측정해 표 1에 기록한다.

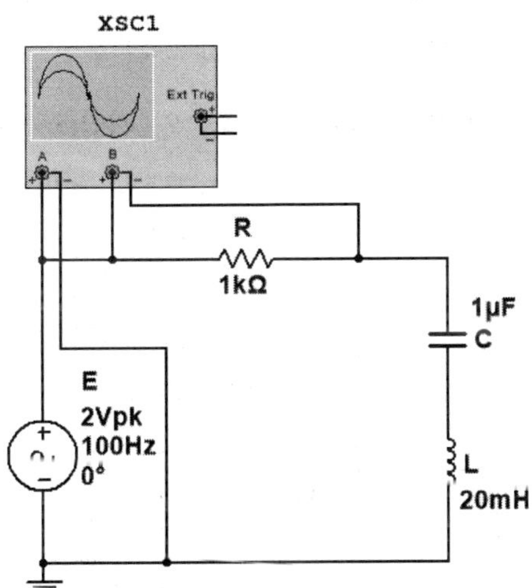

그림 6 실험회로(XSC1: 오실로스코프)

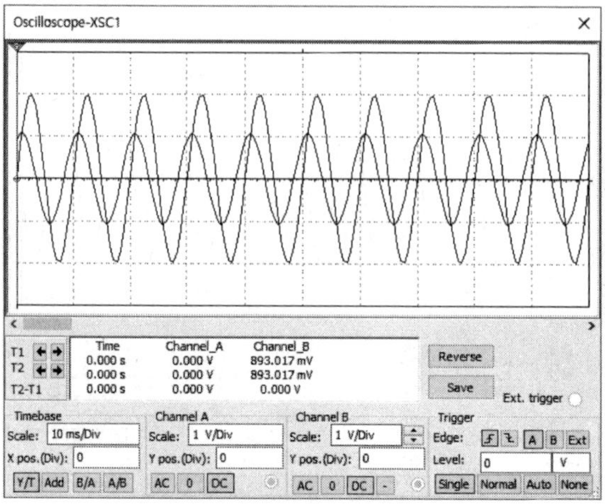

그림 7 채널 A: 전원(E), 채널 B: v_R

④ 표 1의 나머지 주파수에 대해서도 단계③을 반복한다.

⑤ 표 1에서 전압(v_R)가 최대일 때의 주파수(f_r)과 그 이론값을 표 1에 기록한다.

⑥ 다음 회로(예)와 같이 함수발생기의 정현파 출력 주파수를 표 1의 주파수(f_r)로 설정하고 오실로스코프 채널B로 커패시터 양단의 전압(v_C)을 측정해 표 2에 기록한다.

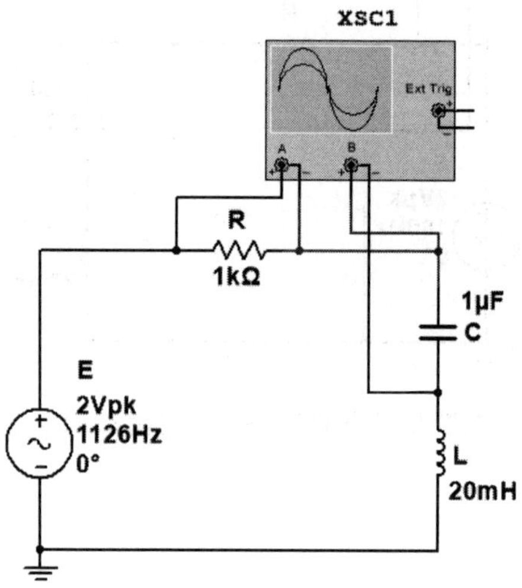

그림 8 실험회로(XSC1: 오실로스코프)

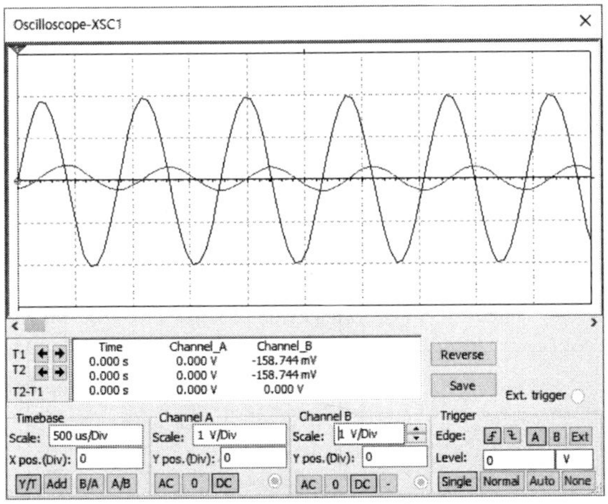

그림 9 채널 A: v_R, 채널 B: v_C

⑦ 전압확대비인 선택도($Q=\dfrac{v_C}{v_R}$)를 계산해서 표 2에 기록한다.

⑧ 표 1의 데이터를 사용해 주파수 대 v_R 그래프를 표 3에 그린다.

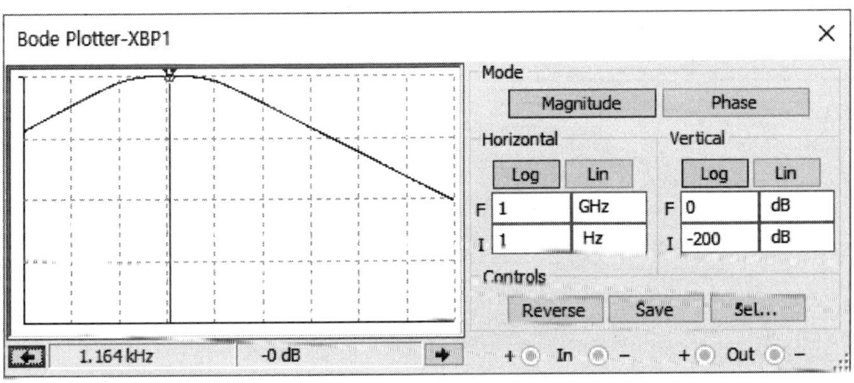

그림 10 참고: 주파수 변화에 따른 전원 대 v_R의 이득을 로그 스케일로 표시

3) 실험 결과

[표 1]

<table>
<tr><th>$f\,[Hz]$</th><th>$v_R\ [V_{pk}]$</th><th colspan="2">$f_r\,[Hz]$</th></tr>
<tr><td>200</td><td></td><td rowspan="8">이론값
$f_r = \frac{1}{2\pi\sqrt{LC}}$</td><td rowspan="8">측정값
(v_R 최대일 때의 주파수)</td></tr>
<tr><td>400</td><td></td></tr>
<tr><td>1000</td><td></td></tr>
<tr><td>1200</td><td></td></tr>
<tr><td>1500</td><td></td></tr>
<tr><td>2000</td><td></td></tr>
<tr><td>3000</td><td></td></tr>
<tr><td>5000</td><td></td></tr>
</table>

[표 2]

$f\,[Hz]$	$v_C\ [V_{pk}]$	Q

[표 3]

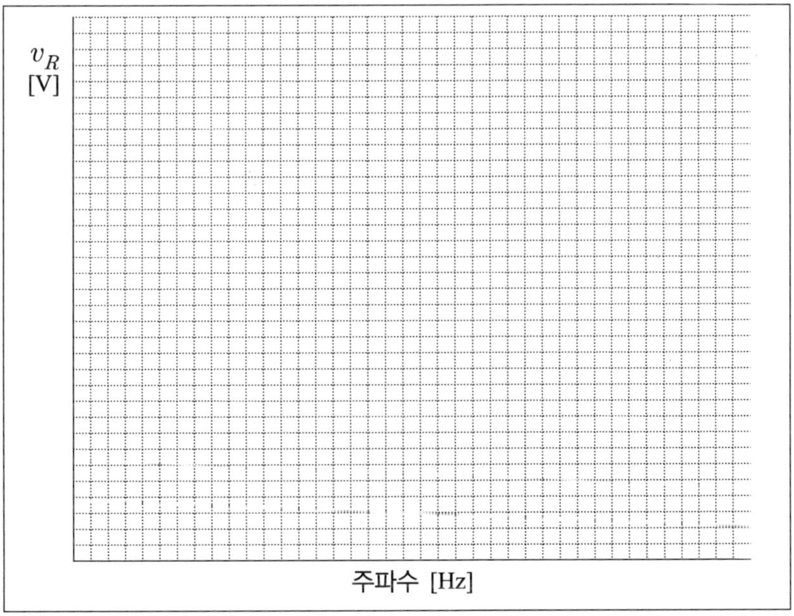

4) 검토

- RLC 직렬 공진회로에서의 임피던스 성분과 전류와의 관계
- RLC 직렬 공진회로에서의 역률과 선택도
- MultisimLive 시뮬레이션(www.multisim.com)

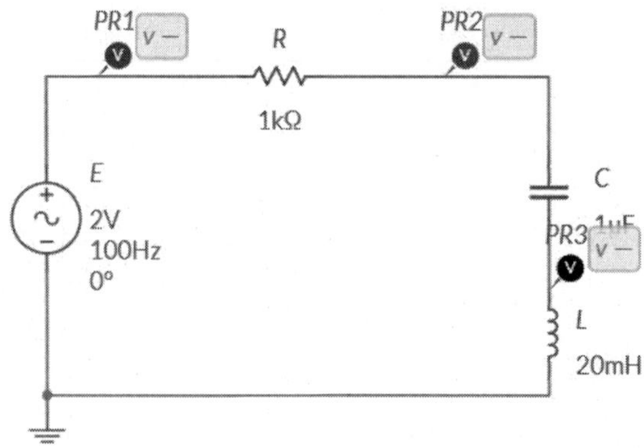

그림 11 RLC 직렬공진회로 Schematic 화면

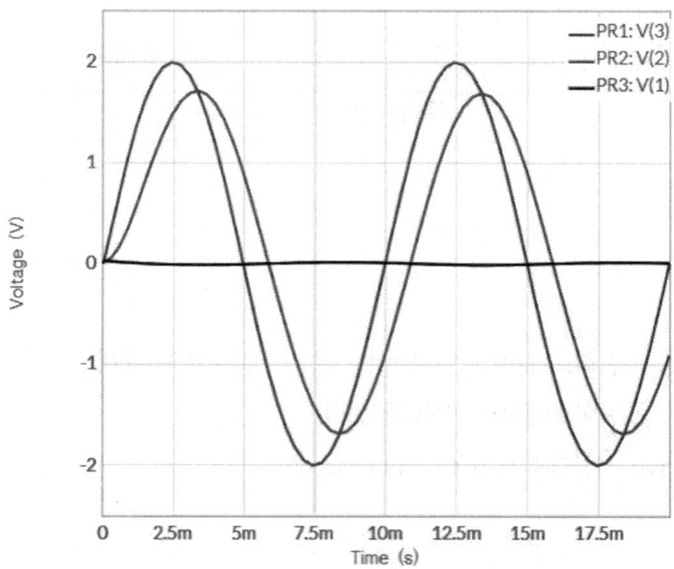

그림 12 RLC 직렬공진회로 Grapher 화면

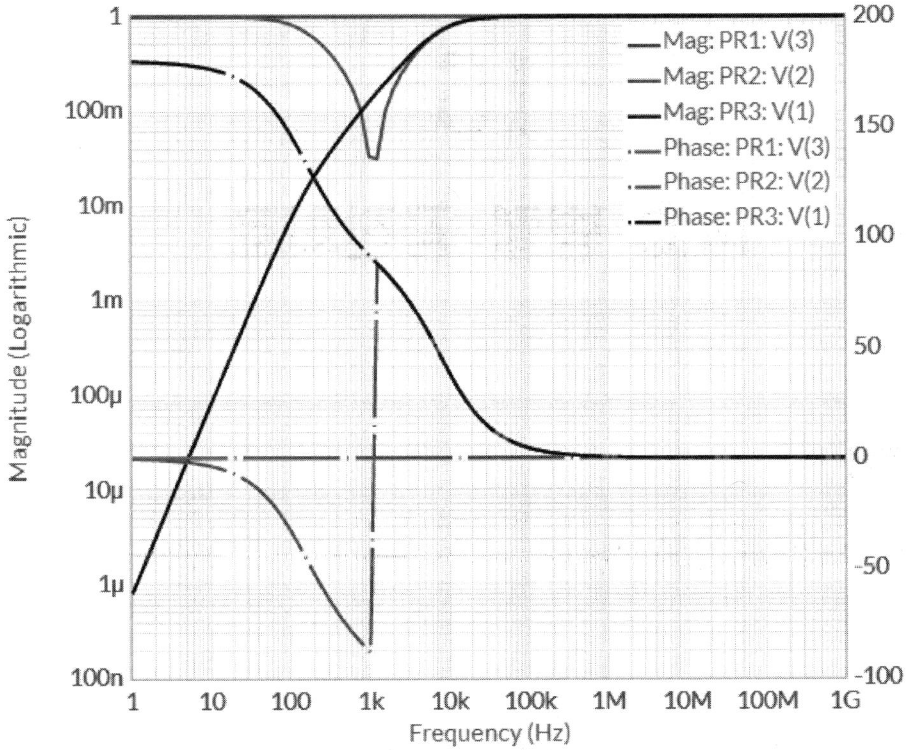

그림 13 RLC 직렬공진회로 AC SWEEP Grapher 화면

16

RLC 병렬 공진회로

실험 목적

- RLC 병렬공진회로의 특성을 이해한다.

이론

공진회로에서 저항은 인덕터에 포함된 등가저항으로 보기 때문에 그림 1은 실제적인 회로가 아닌 이상적인 RLC 병렬회로이다. 병렬 공진회로는 직렬 공진회로와 여러 면에서 동일하다. 두 회로 모두 2개의 리액턴스 소자(L, C)와 3개의 회로 소자(R, L, C)를 가지며 공급 주파수에 영향을 받아 리액턴스 성분이 서로 상쇄되는 주파수를 갖는다. 차이점은 병렬 공진 회로는 병렬 LC회로 내에서 흐르는 전류에 영향을 받는 것이다. 그림 1의 회로에서 어드미턴스(Y)는 다음과 같다.

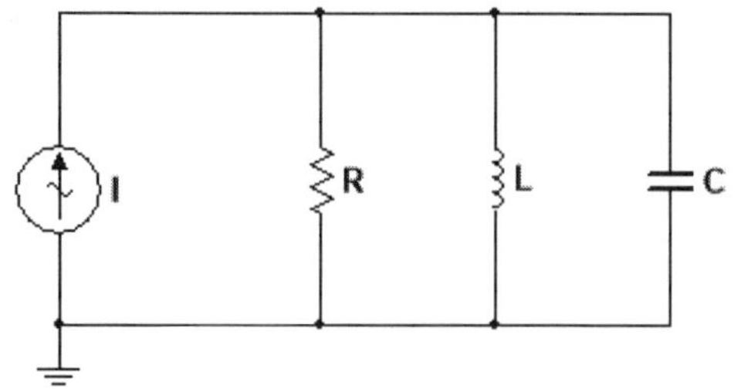

그림 1 RLC 병렬회로

$$Y = \frac{1}{Z} = G + B_C + B_L$$

여기서 컨덕턴스 $G = \frac{1}{R}$, 유도성 서셉턴스 $B_L = \frac{1}{X_L} = \frac{1}{j\omega L} = \frac{1}{j2\pi f L}$, 용량성 서셉턴스 $B_C = \frac{1}{X_C} = j\omega C = j2\pi f C$이므로 다음과 같이 쓸 수 있다.

$$Y = \frac{1}{R} + \frac{1}{j\omega L} + j\omega C = \frac{1}{R} + j(\omega C - \frac{1}{\omega L})$$

공진조건은 허수부가 0이므로

$$\omega_r C = \frac{1}{\omega_r L},\ \omega_r = \frac{1}{\sqrt{LC}}\ [\text{rads}],\ f_r = \frac{1}{2\pi\sqrt{LC}}\ [\text{Hz}]$$

공진주파수는 직렬인 경우와 동일하다. 병렬 공진회로에 흐르는 전류의 크기가 일정할 때의 공진곡선은 그림 2와 같다.

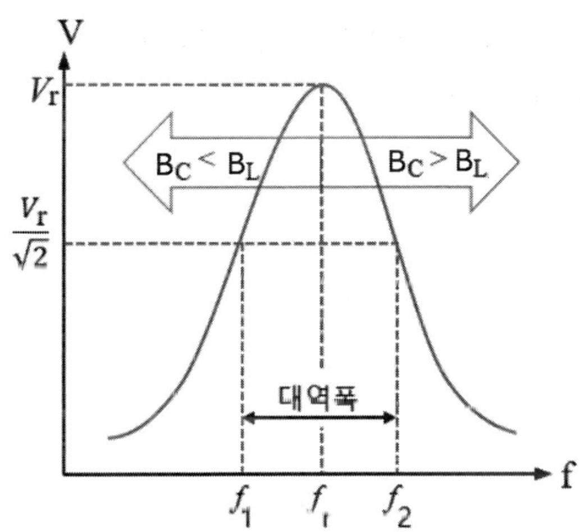

그림 2 공진곡선

병렬 공진 시에 컨덕턴스에 대한 서셉턴스의 비를 Q(품질 지수)라 한다.

$$Q = \frac{|B_L|}{G} = \frac{|B_C|}{G} = \frac{R}{\omega_r L} = \omega_r CR = \frac{1}{R}\sqrt{\frac{C}{L}}$$

공진곡선이 예리할수록 Q가 커지므로 Q를 첨예도, Q가 클수록 공진주파수에 정확하게 동조되므로 선택도라고도 부른다.

$$Q = \frac{\omega_r}{\omega_2 - \omega_1} = \frac{f_r}{f_2 - f_1}$$

공진 시에 각 소자에 걸리는 전류를 계산하고 Q를 대입하면 다음과 같다.

$$I_R = \frac{V_r}{R} = I_r$$

$$I_L = \frac{V_r}{jw_r L} = -j\frac{R}{w_r L}I_r = -jQI_r$$

$$I_C = j\omega_r CV_r = j\omega_r CRI_r = jQI_r$$

공진 시에 리액턴스 소자에 흐르는 전류는 공급 전류(I_r)에 Q를 곱한 값으로, 병렬 공진회로에서 Q를 전류확대비라고도 한다.

실험

1) 부품 및 계측기

- 함수발생기
- 저항($47\,k\Omega$, $100\,\Omega$)
- 축전기($1\,\mu F$)
- 인덕터($20\,mH$)
- 오실로스코프

2) 실험 순서

① 다음의 회로($R_s = 47\,k\Omega$, $R = 100\,\Omega$, $L = 20\,mH$, $C = 1\,\mu F$)를 구성한다. 오실로스코프 채널A를 저항 R_s 양단의 전압 v_{R_s}를 측정할 수 있도록 연결한다. 전원은 함수발생기의 출력이 주파수 100 Hz인 정현파를 사용하며, 일정한 전류원으로 동작하도록 저항 R_s에 걸리는 전압이 $V_{R_s pk} = 2\,V$이 되도록 함수발생기 출력을 조정하며, 이는 표 1의 실험에서 주파수를 변경할 때마다 실행한다.

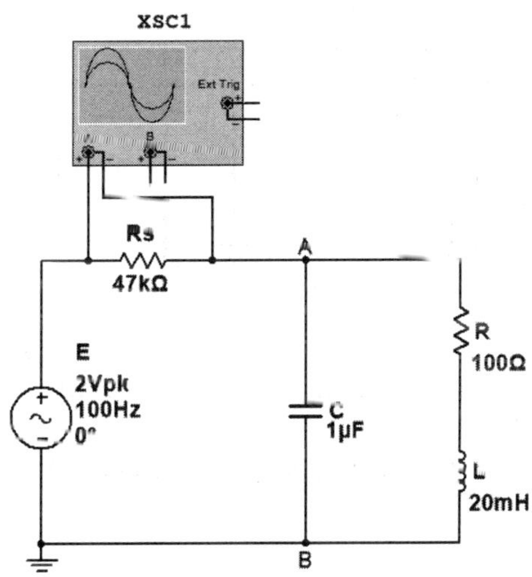

그림 3 실험 회로(XSC1: 오실로스코프)

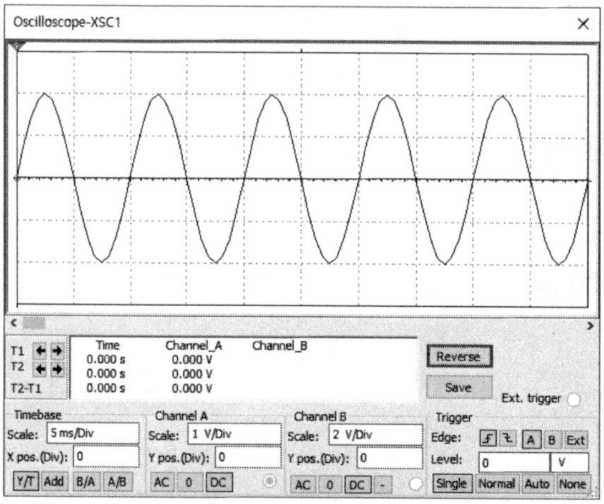

그림 4 채널 A: v_{R_s}

② 다음과 같이 오실로스코프 채널B로 AB 단자간의 전압(v_{AB})를 측정한다. 표 1에 v_{R_s}와 v_{AB}를 기록한다.

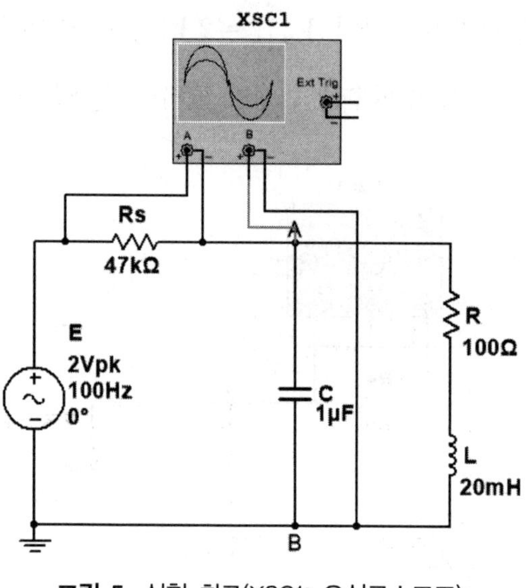

그림 5 실험 회로(XSC1: 오실로스코프)

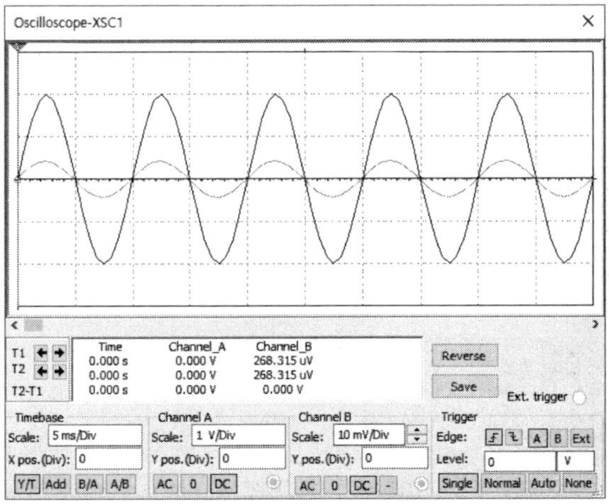

그림 6 채널 A(1 V/칸): v_{R_s}, 채널 B(10 mV/칸): v_{AB}

③ 표1의 모든 주파수에 대해 단계②를 반복한다. 전압(v_{AB})가 최대일 때 선압(v_{R_s})가 최소인지를 확인하고 그 때의 주파수(f_r)를 표 1에 기록한다.

④ 다음과 같이 함수발생기의 정현파 출력 주파수를 표1의 주파수(f_r)로 설정하고 v_{R_s}를 측정한다.

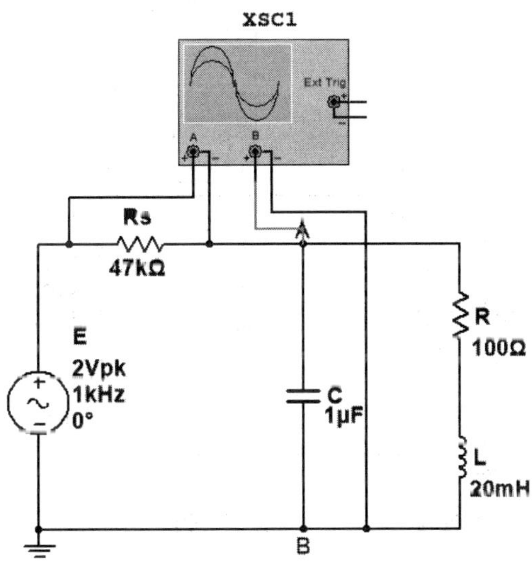

그림 7 f_r= 1 kHz로 한 경우 실험회로

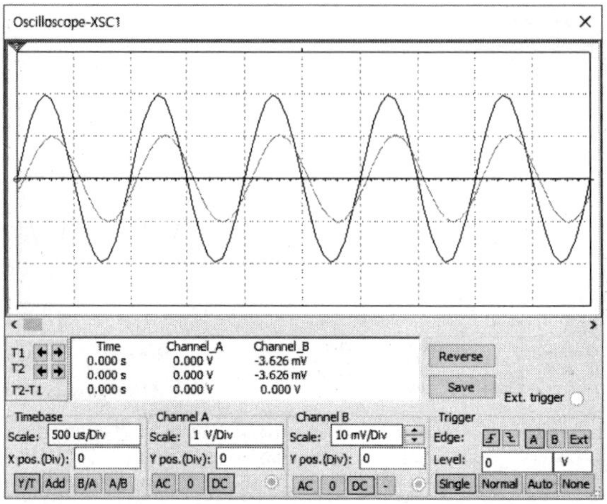

그림 8 채널 A(1 V/칸): v_{R_s}, 채널 B(10 mV/칸): v_{AB}

⑤ 저항 R_s에 흐르는 전류 $i_{R_s}(=\dfrac{v_{R_s}}{R_s})$를 계산해서 표 2에 기록한다.

⑥ 다음과 같이 오실로스코프로 저항 R에 걸리는 전압(v_R)를 측정해 표 2에 기록하고 전류 $i_R(=\dfrac{v_R}{R})$를 계산해서 기록한다.

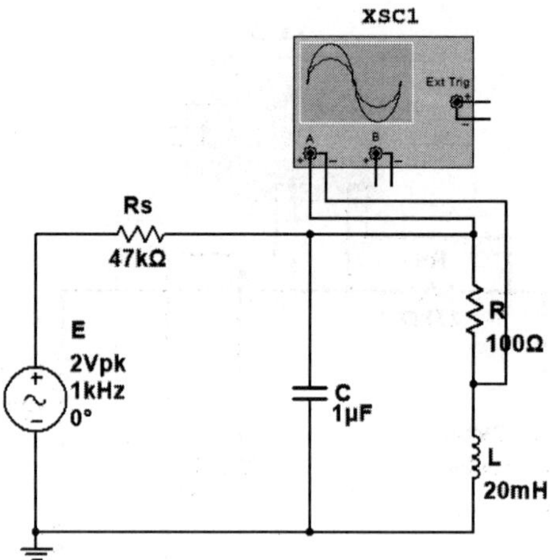

그림 9 f_r= 1 kHz로 한 경우 실험회로

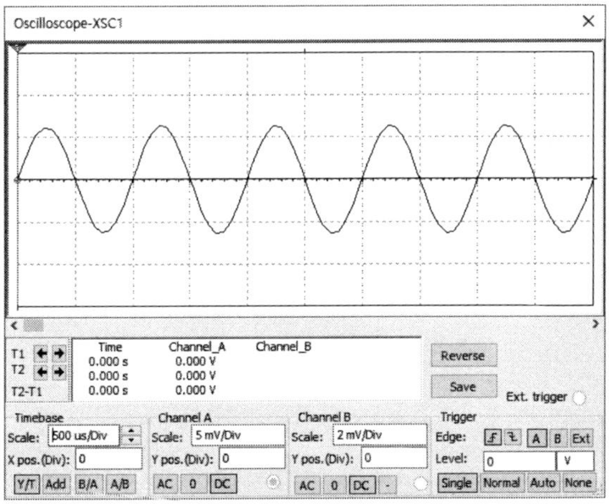

그림 10 채널 A(5 mV/칸): v_R

⑦ 전류확대비인 선택도($Q=\dfrac{i_R}{i_{R_s}}$)를 계산해서 표 2에 기록한다.

⑧ 표 1의 데이터를 사용해 주파수 대 v_{AB} 그래프를 표 3에 그린다.

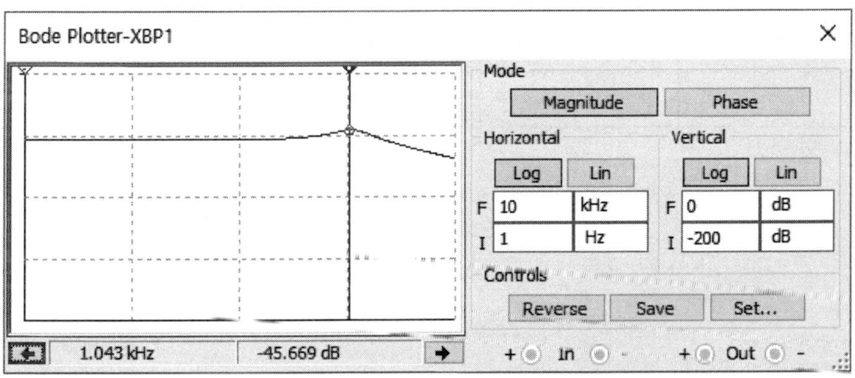

그림 11 참고: 주파수 변화에 따른 전원 대 v_{AB}의 이득을 로그 스케일로 표시

3) 실험 결과

[표 1]

$f\,[Hz]$	v_{R_s} $[V_{pk}]$	v_{AB} $[V_{pk}]$	$f_r\,[Hz]$
100			v_{AB} 최대, v_{R_s} 최소일 때
300			
600			
800			
1000			
2000			
3000			
5000			

[표 2]

$f\,[Hz]$	i_{R_s} $[mA_{pk}]$	v_R $[V_{pk}]$	i_R $[mA_{pk}]$	Q

[표 3]

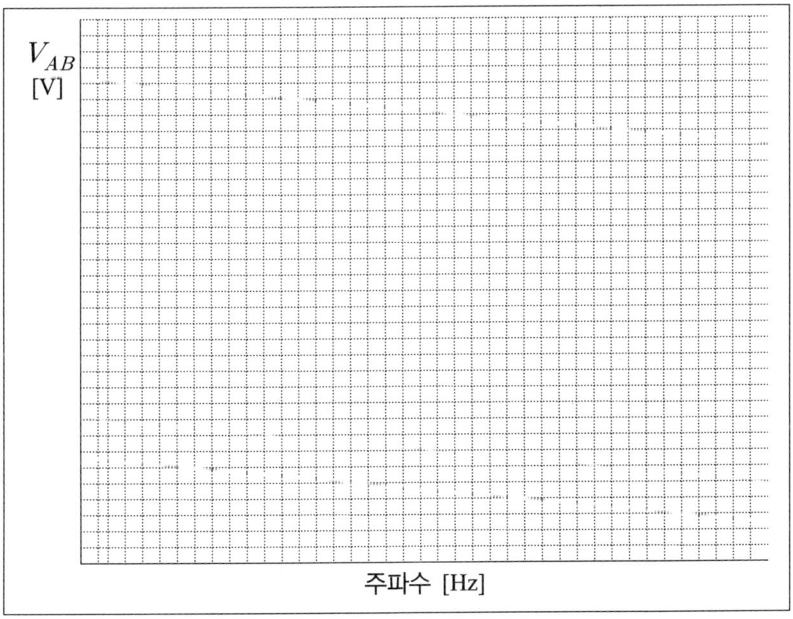

4) 검토

- RLC 병렬 공진회로에서 공진 시의 임피던스가 최대
- RLC 병렬 공진회로에서 공진 주파수 이하에서 리액턴스는 유도성이 되어 전류의 위상이 전압보다 뒤지고, 공진 주파수 이상에서 리액턴스는 용량성이 되어 전류의 위상이 전압보다 앞섬
- RLC 병렬 공진회로에서의 선택도(전류확대비)
- MultisimLive 시뮬레이션(www.multisim.com)

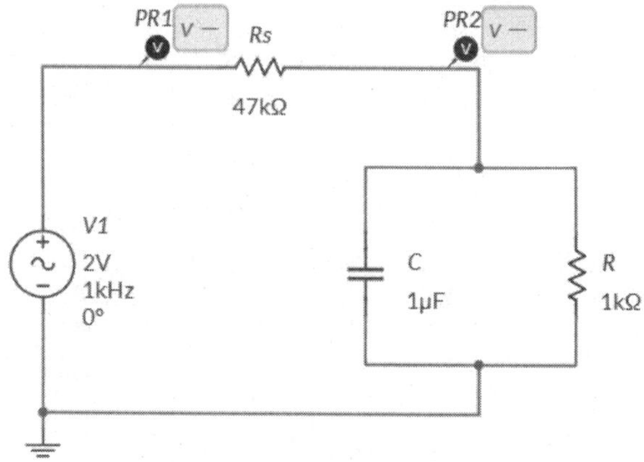

그림 12 RLC 병렬공진회로 Schematic 화면

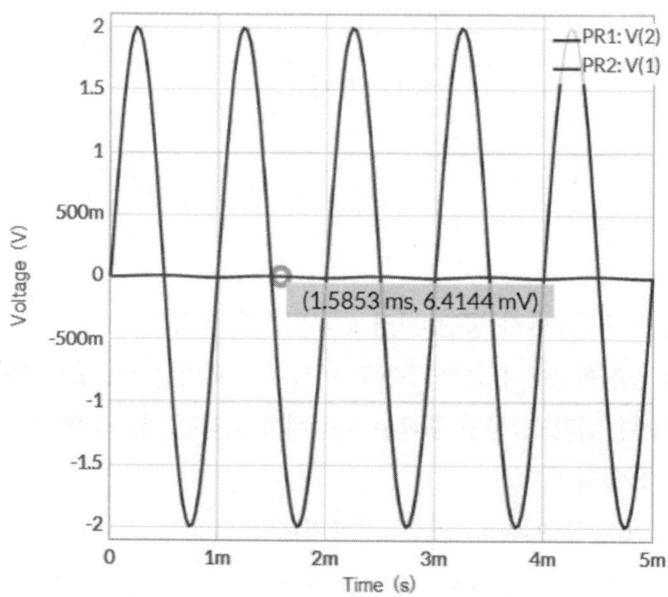

그림 13 RLC 병렬공진회로 v_{R_s}, v_{AB} 측정 Grapher 화면

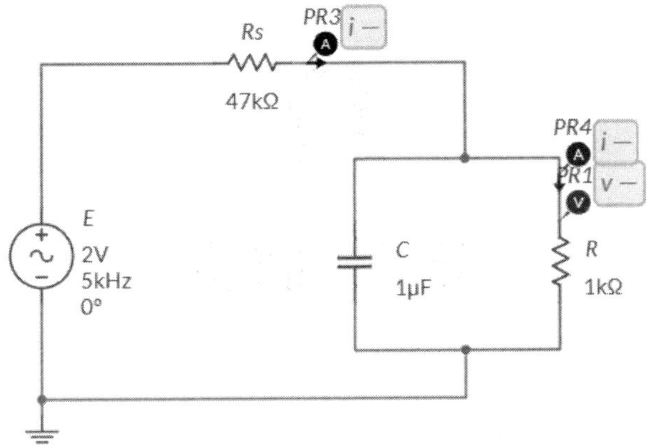

그림 14 RLC 병렬공진회로 Schematic 화면

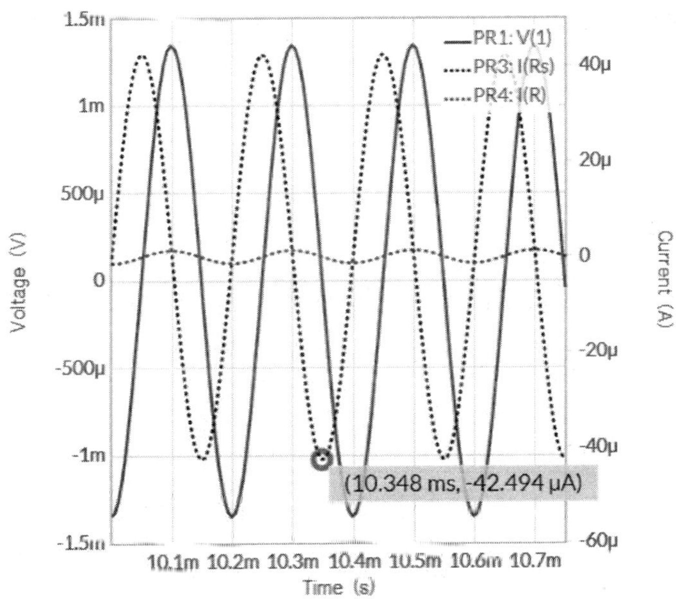

그림 15 RLC 병렬공진회로 v_{AB}, v_R 측정 Grapher 화면

17

필터 회로

실험 목적

• 저역통과, 고역통과 및 대역통과 필터회로의 원리와 주파수 응답 특성에 대해 알아본다.

이론

1) 저역통과 필터

저역통과 필터(LFP: Low Pass Filter) 회로는 저주파 대역의 신호를 통과시키고 차단 주파수(cutoff frequency) 이상인 신호를 차단하며, 그림 1.a와 같은 RC 회로로 구성된다.

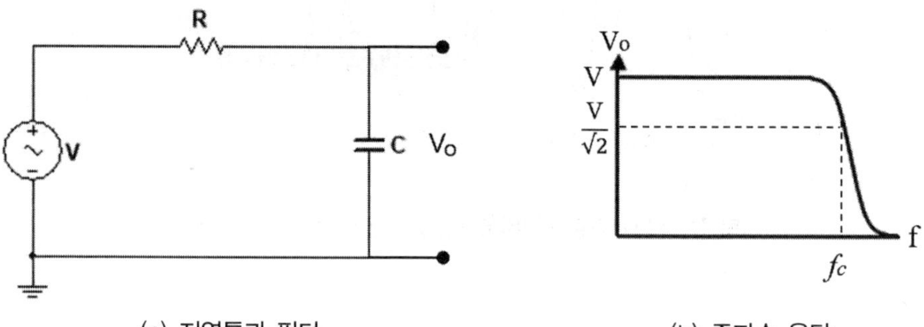

(a) 저역통과 필터

(b) 주파수 응답

그림 1 저역통과 필터 회로 및 응답

그림 1.a의 RC 저역통과 필터 회로에서 커패시터의 임피던스($X_c = \frac{1}{2\pi f C}$)는 주파수가 증가함에 따라 감소해서 출력 전압($V_o = V_c$)도 감소한다. $R = X_c$일 때의 주파수를 차단주파수라 하고 다음과 같이 계산된다.

$$R = \frac{1}{2\pi f C}$$

$$f_c = \frac{1}{2\pi RC}$$

차단 주파수에서 출력 전압은 다음과 같다.

$$V_o = \frac{X_c}{|Z|}V = \frac{X_C}{\sqrt{R^2 + X_c^2}}V$$

차단 주파수에서 $R = X_c$이므로(그림 1.b)

$$V_o = \frac{R}{\sqrt{R^2 + R^2}}V = \frac{1}{\sqrt{2}}V = 0.707\,V$$

차단 주파수에서 입출력 전압의 비를 데시벨로 표시하면 다음과 같다.

$$dB - 20\log\left(\frac{V_o}{V}\right) = 20\log\left(\frac{0.707\,V}{V}\right) = -3\,[dB]$$

2) 고역통과 필터

고역통과 필터(HPF: High Pass Filter)는 고주파 대역의 신호를 통과시키고 차단 주파수 이하의 신호를 차단하며, 그림 2.a의 RC 회로나 RL 회로로 구성된다.

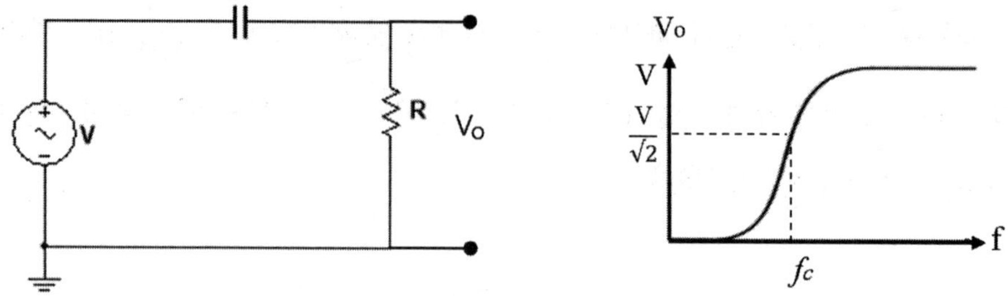

(a) 고역통과 필터

(b) 주파수 응답

그림 2 고역통과 필터 회로 및 응답

그림 2.a의 고역통과 필터 회로에서 커패시터의 임피던스($X_c = \dfrac{1}{2\pi f C}$)는 주파수가 증가함에 따라 감소해서 V_c는 감소하고 출력 전압($V_o = V_R$)은 증가한다. $R = X_c$일 때의 주파수를 차단주파수라 하고 차단 주파수는 다음과 같이 계산된다.

$$R = \frac{1}{2\pi f C},\ f_c = \frac{1}{2\pi RC}$$

차단 주파수에서 출력 전압은 다음과 같다.

$$V_o = \frac{R}{|Z|}V = \frac{R}{\sqrt{R^2 + X_c^2}}V$$

차단 주파수에서 $R = X_c$이므로(그림 2.b)

$$V_o = \frac{R}{\sqrt{R^2 + R^2}}V = \frac{1}{\sqrt{2}}V = 0.707\,V$$

차단 주파수에서 입출력 전압의 비를 데시벨로 표시하면 다음과 같다.

$$dB = 20\log\left(\frac{V_o}{V}\right) = 20\log\left(\frac{0.707\,V}{V}\right) = -3\,[dB]$$

3) 대역통과 필터

대역통과 필터(BPF: Band Pass Filter)는 특정 주파수 대역의 신호를 통과시키고 통과 대역 주파수 보다 크거나 작은 신호를 차단한다. 대역통과 필터는 직렬 공진회로나 병렬 공진회로로 구성되는데, 여기서는 그림 3.a의 직렬 공진회로를 사용한다.

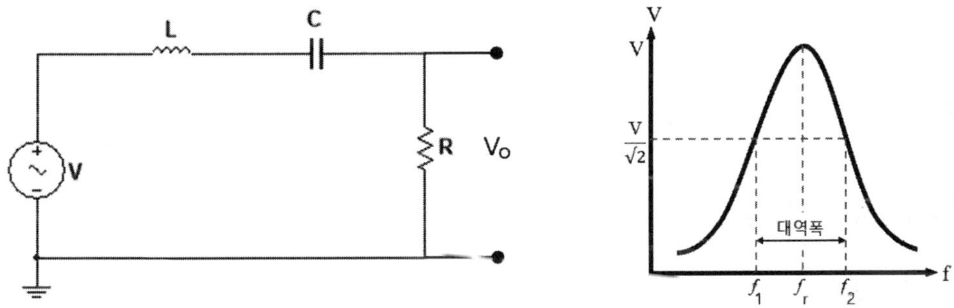

(a) 대역통과 필터 (b) 주파수 응답

그림 3 대역통과 필터 회로 및 응답

직렬 공진회로는 공진 주파수(f_r)에서 임피던스가 최소(이론적으로는 0)이기 때문에 회로에 흐르는 전류는 최대이고 부하(R)에 걸리는 전압도 최대가 된다(거의 입력 전압과 동일). 그림 3.b에서 공진 주파수(f_r)에서 출력은 $V_o = V_R \simeq V$이다. 공진 주파수를 중심 주파수라 한다. 대역통과 필터는 출력(V_o)이 입력(V)의 0.707($\frac{1}{\sqrt{2}}$)배일 때의 주파수를 2개 갖고, 이를 차단 주파수 f_1과 f_2이라 한다.

$$\omega_1 = -\frac{R}{2L} + \sqrt{\left(\frac{R}{2L}\right)^2 + \left(\frac{1}{LC}\right)},\ f_1 = \frac{\omega_1}{2\pi}$$

$$\omega_2 = \frac{R}{2L} + \sqrt{\left(\frac{R}{2L}\right)^2 + \left(\frac{1}{LC}\right)},\ f_2 = \frac{\omega_2}{2\pi}$$

차단 주파수 사이의 신호는 통과되고 그 외는 차단된다. 2개의 차단 주파수는(f_1, f_2)의 차이를 대역폭(BW)라 한다.

$$BW = f_2 - f_1 = \frac{R}{L}$$

공진 주파수를 대역폭으로 나눈 값을 품질 지수(Q)라 한다.

$$Q = \frac{f_r}{BW}$$

실험

1) 부품 및 계측기

- 함수발생기
- 저항($1\,k\Omega$)
- 축전기($10\,nF$, $0.1\,\mu F$)
- 인덕터($10\,mH$)
- 오실로스코프

2) 실험 순서

(1) 저역통과 필터

① 다음의 회로($R = 1\,k\Omega$, $C = 10\,nF$)를 구성한다. 전원(E)는 함수발생기로 $E_{pk} = 2\,V$이고 주파수는 표 1과 같은 정현파 출력을 사용한다. 주파수가 변경될 때에도 $E_{pk} = 2\,V$는 유지되어야 한다.

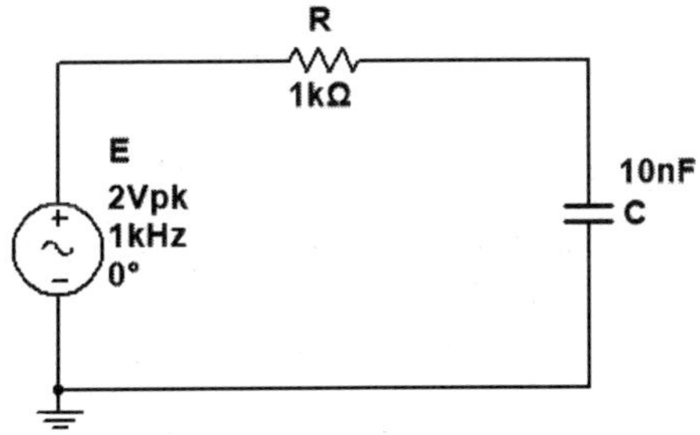

그림 4 실험 회로

② 오실로스코프 채널A와 채널B는 각각 전원 전압(E)과 축전지에 걸리는 출력 전압(v_o)을 측정하고 v_o를 표 1에 기록한다. 표 1의 모든 주파수에 대해 이를 반복한다.

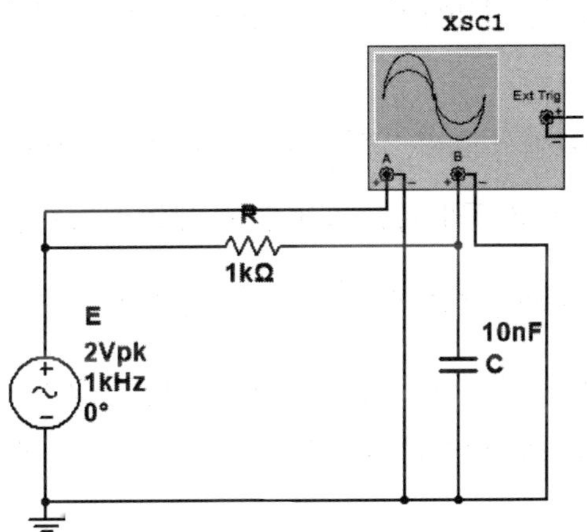

그림 5 실험 회로(XSC1: 오실로스코프)

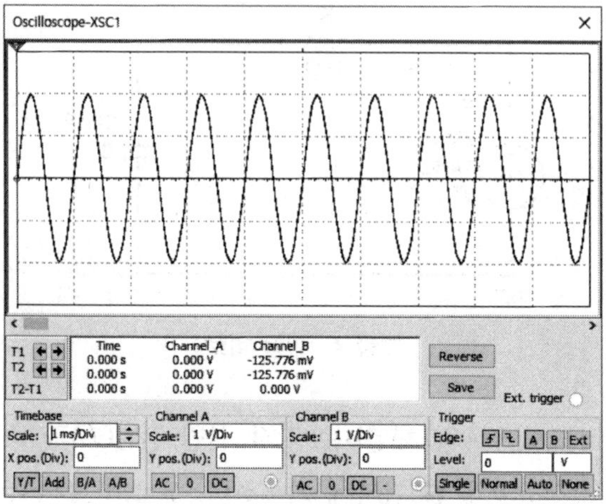

그림 6 채널 A: E(전원), 채널 B: v_o

③ 표 1의 데이터를 사용하여 표 2에 주파수(로그 스케일) 대 출력 전압(v_o)의 그래프를 그린다.

④ 표 2의 그래프에서 출력 전압(v_o)이 입력 전압(E)의 0.707배($0.707 \times E$)일 때의 주파수를 읽어 표 3의 차단 주파수 측정값에 기록한다.

⑤ 표 3에 차단 주파수 이론값($f_c = \dfrac{1}{2\pi RC}$)을 계산해서 입력하고 오차를 계산한다.

다음 회로와 같이 보드선도 플로터를 사용하면 입력 대 출력 전압의 이득 크기(dB로 표시)와 위상차를 확인할 수 있다. 크기는 다음과 같이 계산된다.

$$dB = 20\log_{10}\frac{v_o}{E}$$

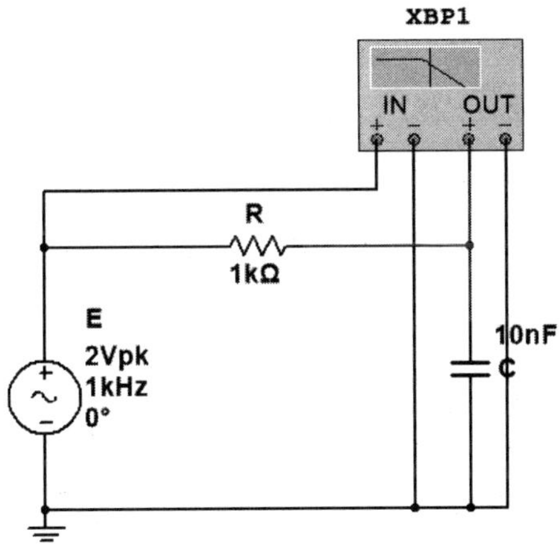

그림 7 실험회로(XBP1: 보드선도 플로터)

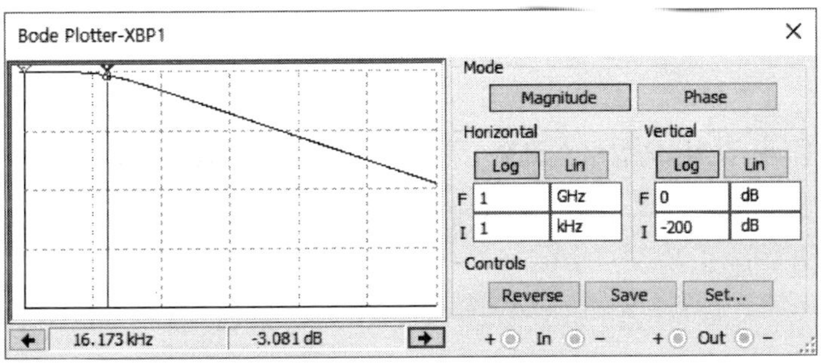

그림 8 저역통과필터의 크기 보드선도

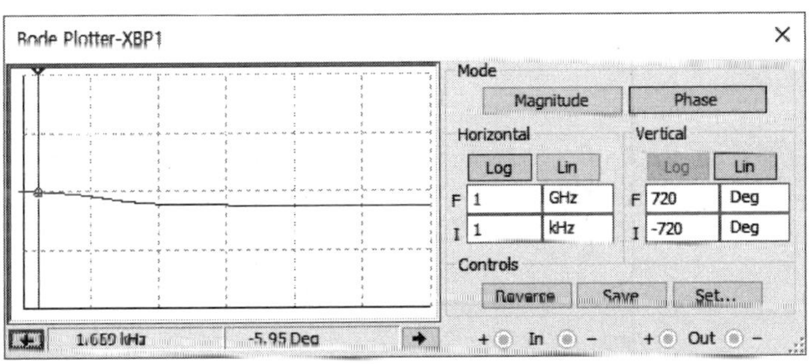

그림 9 저역통과필터의 위상 보드선도

(2) 고역통과 필터

① 다음의 회로($R=1k\Omega$, $C=10nF$)를 구성한다. 전원(E)는 함수발생기로 $E_{pk}=2\ V$이고 주파수는 표 4와 같은 정현파 출력을 사용한다. 주파수가 변경될 때에도 $E_{pk}=2\ V$는 유지되어야 한다.

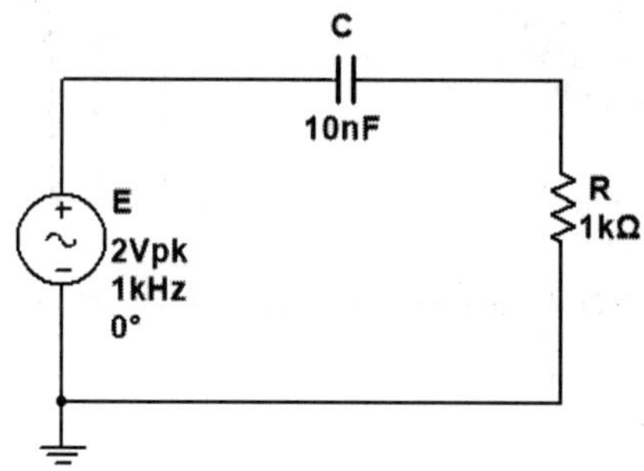

그림 10 실험회로

② 다음과 같이 오실로스코프 채널A와 채널B는 각각 전원 전압(E)과 출력 전압(v_o)을 측정하고 v_o를 표 4에 기록한다.

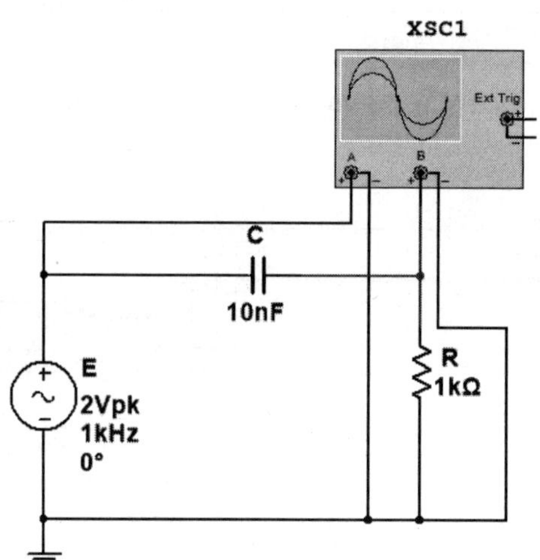

그림 11 실험회로(XSC1: 오실로스코프)

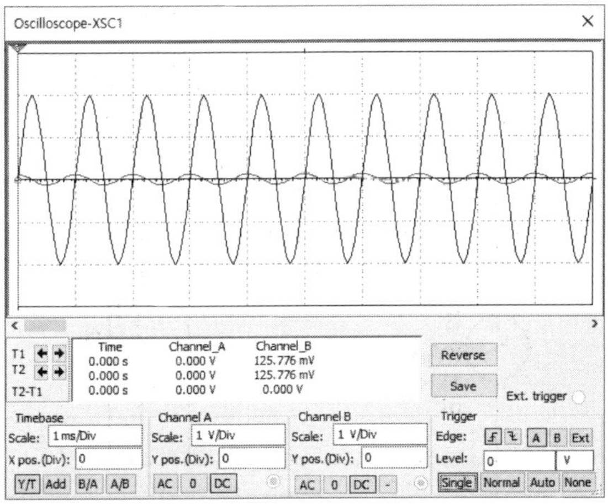

그림 12 채널 A: E(전원), 채널 B: v_o

③ 표 4의 데이터를 사용하여 표 5에 주파수(로그 스케일) 대 출력 전압(v_o)의 그래프를 그린다.

④ 표 5의 그래프에서 출력 전압(v_o)이 입력 전압(E)의 0.707배($0.707 \times E$)일 때의 주파수를 읽어 표 6의 차단 주파수 측정값에 기록한다.

⑤ 표 6에 차단 주파수 이론값($f_c = \dfrac{1}{2\pi RC}$)을 계산해서 입력하고 오차를 계산한다.

다음 회로와 같이 보드선도 플로터를 사용하면 입력 대 출력 전압의 이득에 대한 크기와 위상차를 확인할 수 있다.

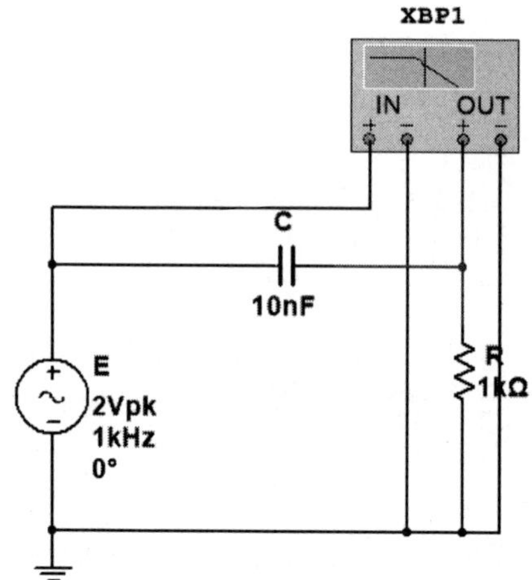

그림 13 실험회로(XBP1: 보드선도 플로터)

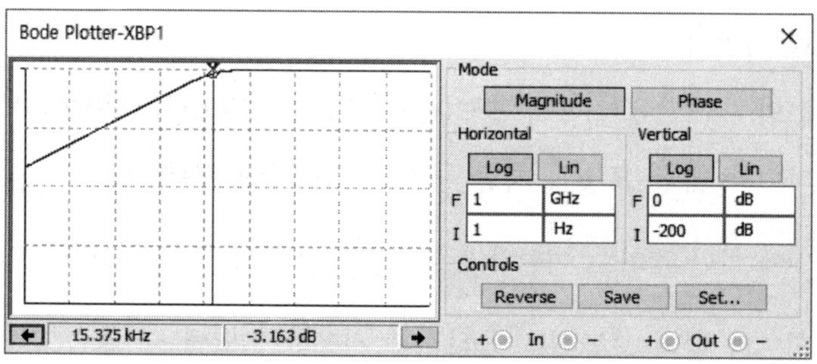

그림 14 고역통과필터의 크기 보드선도

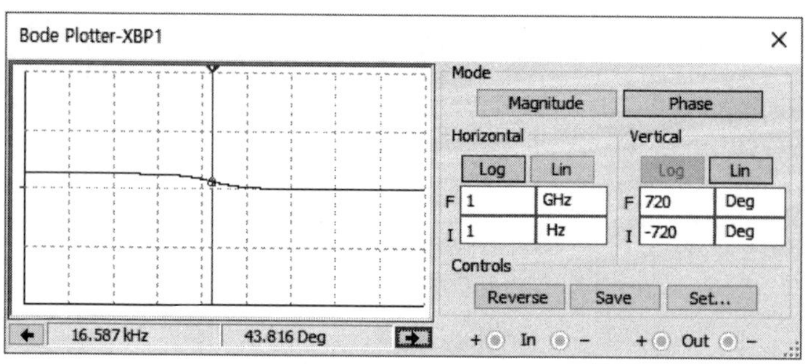

그림 15 고역통과필터의 위상 보드선도

(3) 대역통과 필터

① 다음의 회로($R=1\,k\Omega$, $C=0.1\,\mu F$, $L=10\,mH$)를 구성한다. 전원(E)는 함수 발생기로 $E_{pk}=2\,V$이고 주파수는 표 7과 같은 정현파 출력을 사용한다. 주파수가 변경될 때에도 $E_{pk}=2\,V$는 유지되어야 한다.

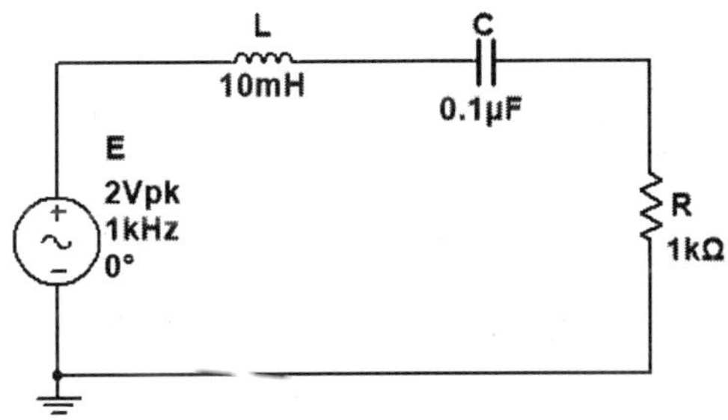

그림 16 실험회로

② 다음과 같이 오실로스코프 채널A와 채널B는 각각 전원 전압(E)과 출력 전압(v_o)을 측정하고 v_o를 표 7에 기록한다.

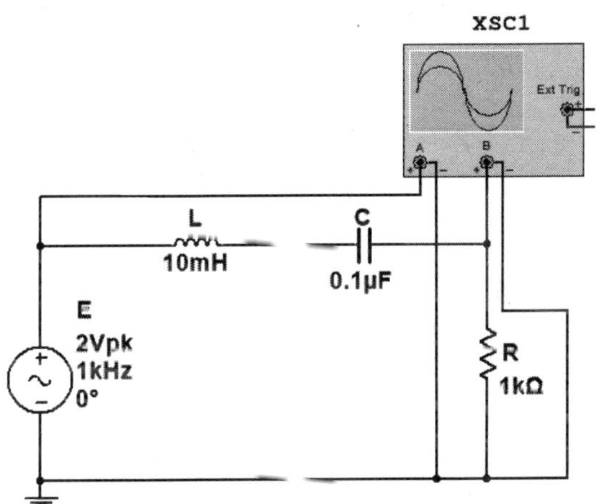

그림 17 실험회로(XSC1: 오실로스코프)

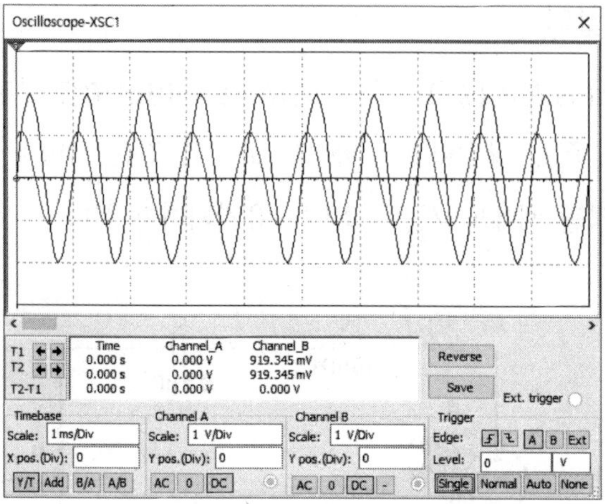

그림 18 채널 A: E(전원), 채널 B: v_o

③ 표 7의 데이터를 사용하여 표 8에 주파수(로그 스케일) 대 출력 전압(v_o)의 그래프를 그린다.

④ 표 8의 그래프에서 출력 전압(v_o)이 입력 전압(E)의 0.707배($0.707 \times E$)일 때의 주파수를 읽어 표 9의 차단 주파수 측정값에 기록한다.

⑤ 표 9에 차단 주파수 이론값을 계산해서 입력하고 오차를 계산한다.

$$f_1 = \frac{-\frac{R}{2L} + \sqrt{\left(\frac{R}{2L}\right)^2 + \left(\frac{1}{LC}\right)}}{2\pi}$$

$$f_2 = \frac{\frac{R}{2L} + \sqrt{\left(\frac{R}{2L}\right)^2 + \left(\frac{1}{LC}\right)}}{2\pi}$$

다음 회로와 같이 보드선도 플로터를 사용하면 입력 대 출력 전압의 이득에 대한 크기와 위상차를 확인할 수 있다.

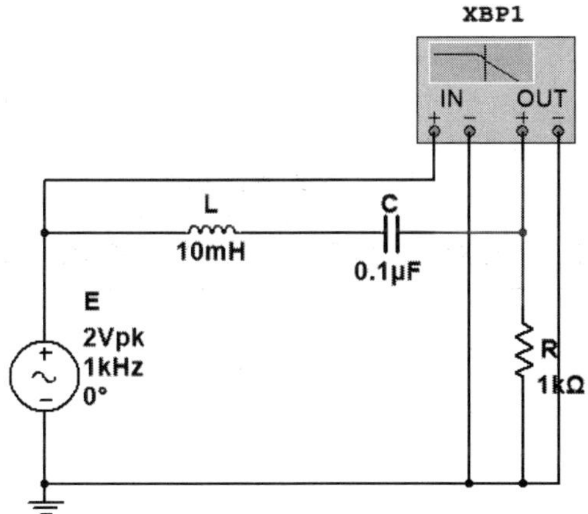

그림 19 실험회로(XBP1: 보드선도 플로터)

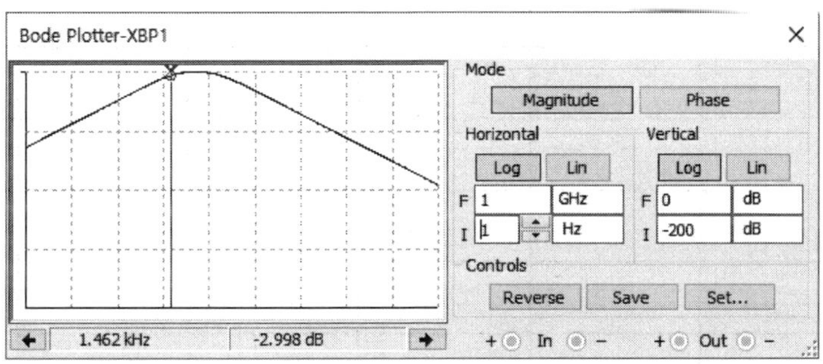

그림 20 대역통과필터의 크기 보드선도(−3dB 주파수 f_1)

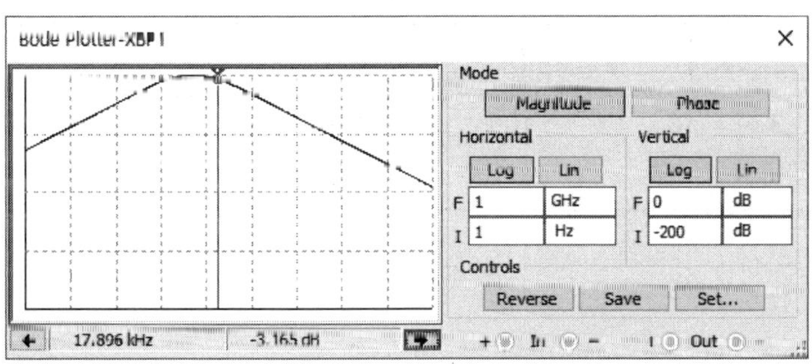

그림 21 대역통과필터의 크기 보드선도(−3dB 주파수 f_2)

3) 실험 결과

[표 1]

저역 통과 필터								
$f\ [Hz]$	1000	5000	10000	15000	20000	30000	40000	50000
$v_o[V_{pk}]$								

[표 2]

저역통과 필터 주파수 응답

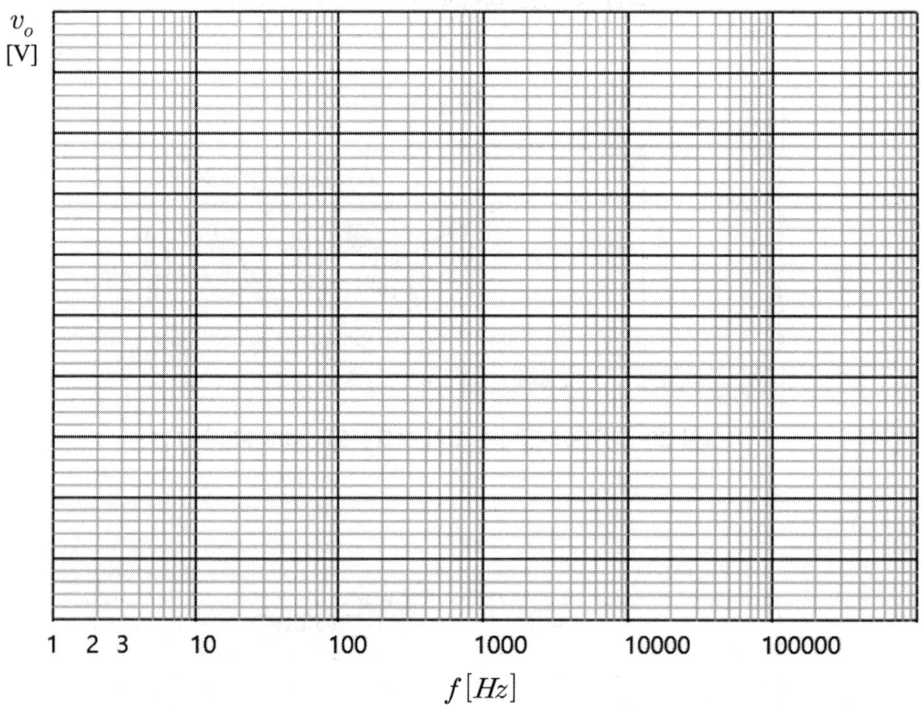

[표 3]

저역통과 필터 f_c $[Hz]$		
측정값	이론값	오차

[표 4]

고역 통과 필터								
f $[Hz]$	1000	5000	10000	15000	20000	30000	40000	50000
$v_o[V_{pk}]$								

[표 5]

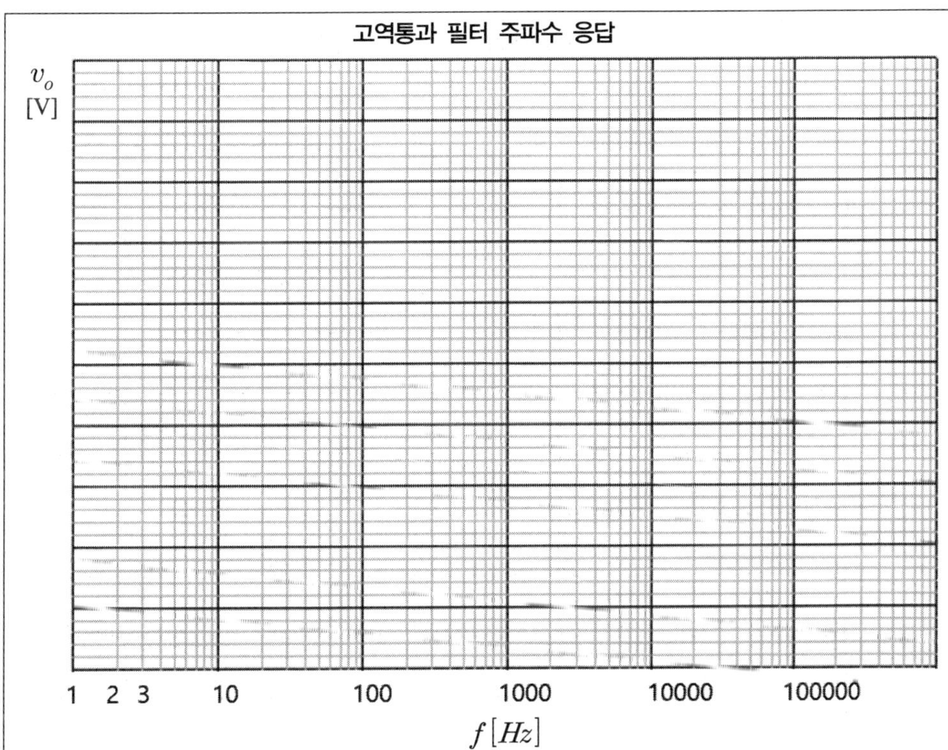

[표 6]

고역통과 필터 f_c $[Hz]$		
측정값	이론값	오차

[표 7]

대역 통과 필터								
f $[Hz]$	1000	5000	10000	15000	20000	30000	40000	50000
$v_o[V_{pk}]$								

[표 8]

대역통과 필터 주파수 응답

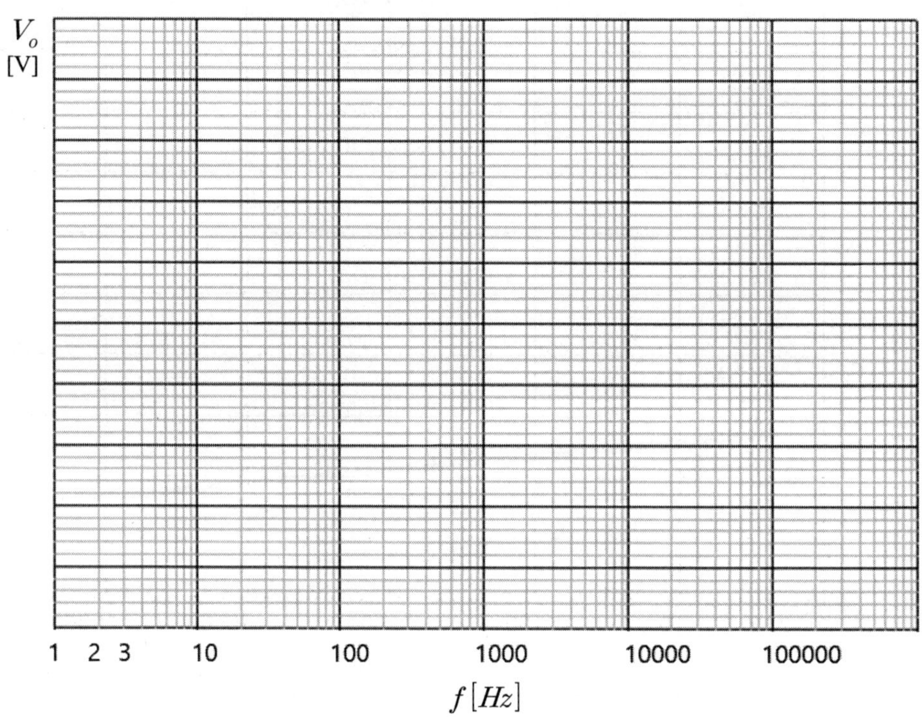

[표 9]

대역통과 필터			
차단 주파수 $[Hz]$	측정값	이론값	오차
f_1			
f_2			

4) 검토

- 필터 회로의 원리
- 주파수 응답 특성
- 차단 주파수, 대역폭
- MultisimLive 시뮬레이션(www.multisim.com)

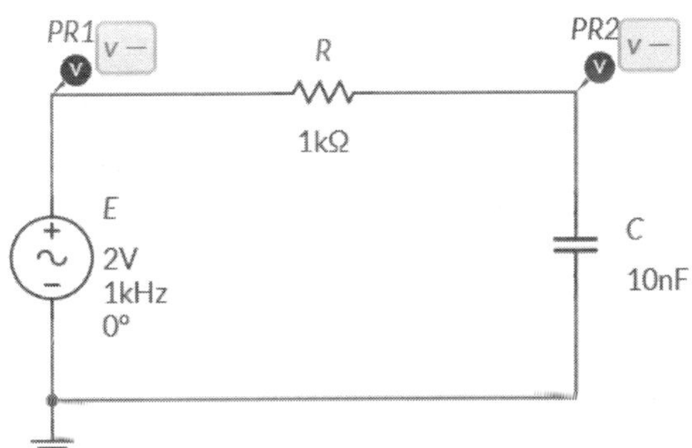

그림 22 저역통과 필터 회로 Schematic 화면

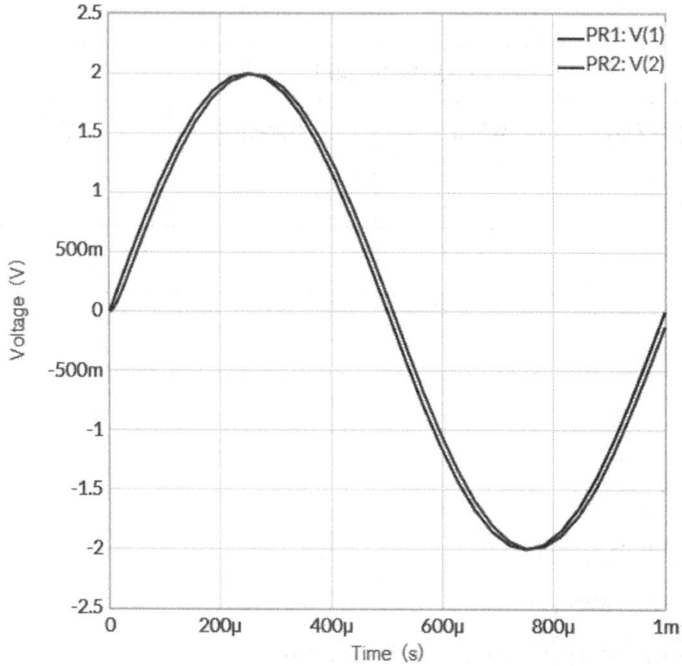

그림 23 저역통과 필터 회로 Grapher 화면

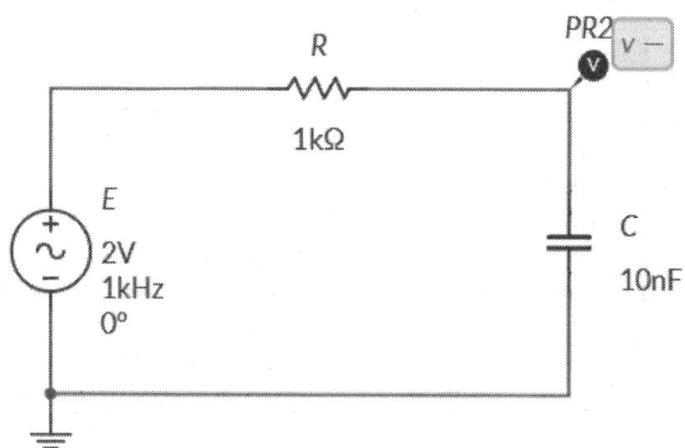

그림 24 저역통과 필터 회로의 AC Sweep Schematic 화면

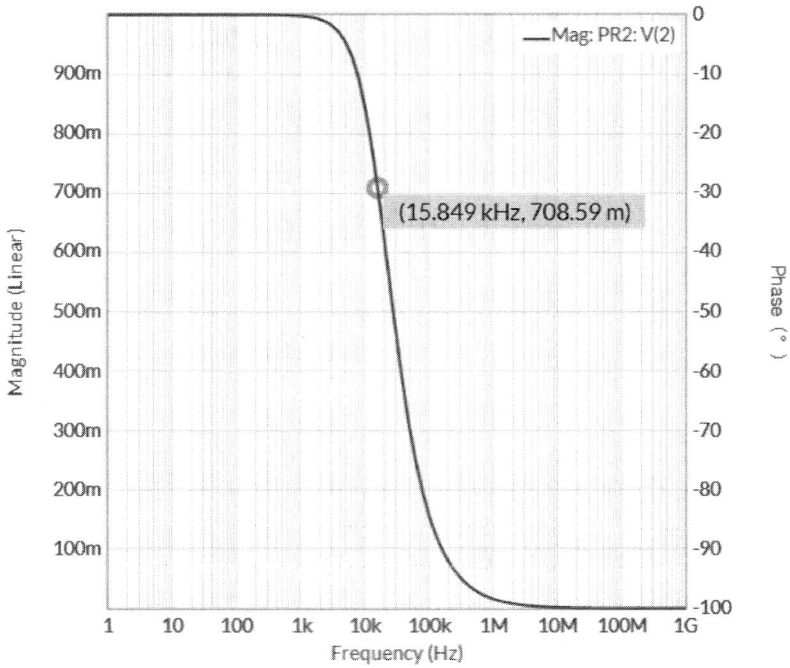

그림 25 저역통과 필터 회로의 AC Sweep Grapher 화면

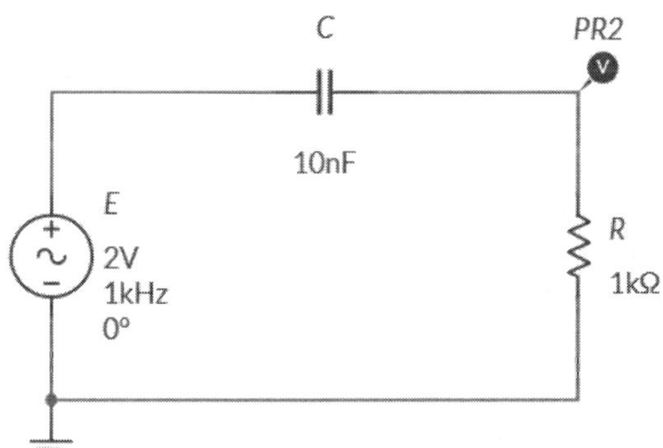

그림 26 고역통과 필터 회로의 AC Sweep Schematic 화면

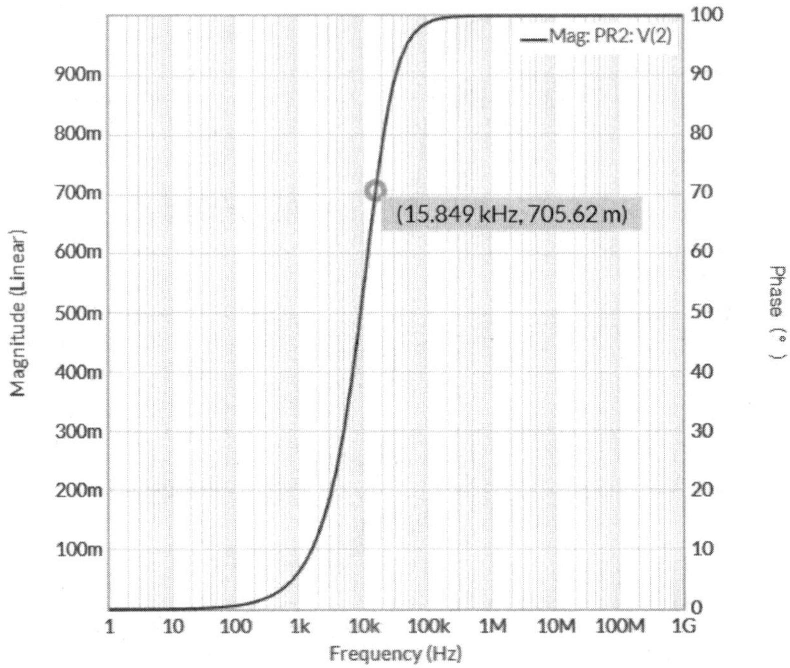

그림 27 고역통과 필터 회로의 AC Sweep Grapher 화면

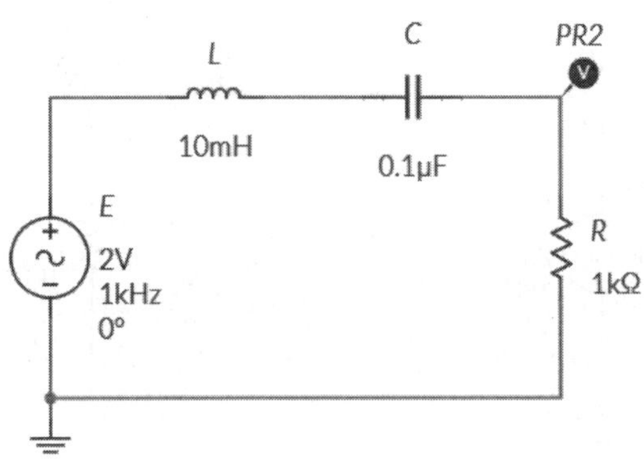

그림 28 대역통과 필터 회로의 AC Sweep Schematic 화면

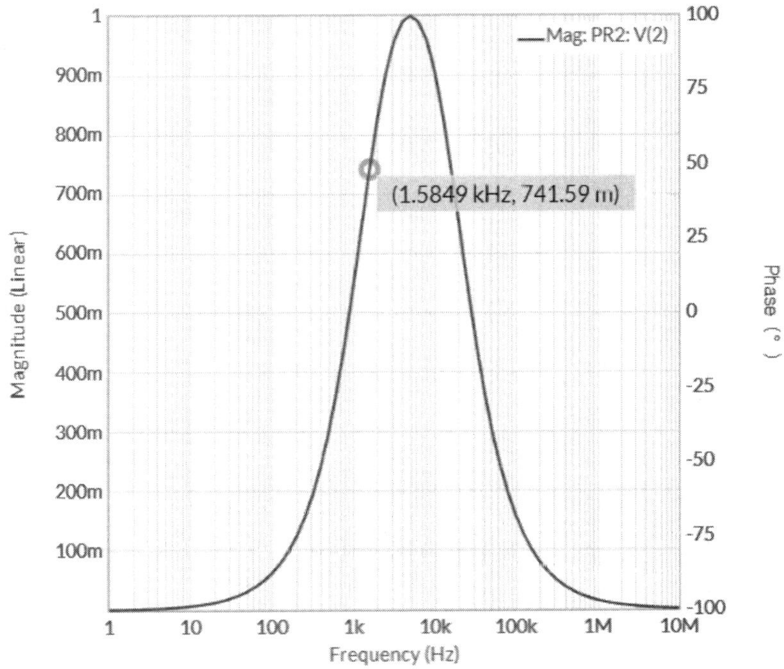

그림 29 대역통과 필터 회로의 AC Sweep Grapher 화면